ChemSketchで書く簡単化学レポート

最新化学レポート作成ソフトの使い方入門

平山令明 著

ブルーバックス

本書付属 CD-ROM 使用にあたって

　本書は化学レポート作成ソフトウェア「ChemSketch」の操作法を解説していますが、Microsoft社の「Windows」の解説書ではありません。「Windows」の基本操作を知っていることを前提とします。

付属 CD-ROM の動作する OS

Windows 98/2000/Me/XP/ Vista/7/8/10（32および64ビット版）

【免責事項】
・収録されているプログラムについては入念な検証作業を行っておりますが、あらゆる環境での動作を確認するのは不可能なため、著者並びに講談社は、上記のすべてのコンピュータで動作を保証するものではありません。
・CD-ROMに収録されているプログラムやデータを利用して起きたいかなる損失や障害にも、著者並び講談社は、いっさいの責任は負いません。

　本書付属のCD-ROMに収録されているChemSketchはAdvanced Chemistry Development, Inc.の著作物であり、このソフトウェアに関するすべての権利は同社に帰属します。
　CD-ROMに収録されているFlash ™ PlayerはMacromedia, Inc.の製品です。

macromedia
FLASH ENABLED

●カバー装丁／芦澤泰偉・児崎雅淑
●カバーイラスト、扉、目次デザイン／中山康子

はじめに

　化学を勉強する人や化学を使う人は、ひんぱんに化学構造式を扱います。化学物質の性質を理解し化合物を覚えることは、化学を勉強する上で非常に重要であり、そのためには多くの化合物の化学構造式を実際に見たり、書いたりすることが必要になります。なぜなら、化合物の構造式は、化合物を表す抽象的な単なる記号ではなく、その化合物の性質を非常によく表現しているものだからです。原子を表す表意文字が原子記号であるなら、それによって表記される化学構造式は、分子を表現する短い言葉です。これらは化学者が長い時間をかけて開発してきた「化学言語」とも言えます。

　化学構造式には、様々な意味が込められています。多くの場合、それは静的な分子の姿を意味しますが、ある場合には動的な分子の姿も表現することができます。化学構造式は、複雑な化学現象を非常に簡潔かつ的確さらに見通しよく表現できる論理体系であり、数学で使われる数式と共に人類が発明した非常に偉大な発明品の一つと言えるでしょう。

　この非常に役に立つ化学構造式の扱いに慣れることは、化学を理解する早道ですが、同時に初心者にとっては大きな障害にもなります。化学構造式の扱いに慣れるいちばんよい方法は、化学構造式をたくさん見、また自分で書くことです。しかし化学構造式を書く作業は、初心者や化学を専門としない生命科学や薬学を学ぶ者にとっては、比較的苦痛なことですし、化学を専門に学ぶ者にとっても、バランスの取れた美しい構造式を作図することはなかなか容易なことではありません。

コンピュータを用いると、化学構造式を描くことは格段に能率的になります。そればかりでなく、美しく均整の取れた作図が可能になり、化合物の構造だけでなく、その性質を洞察する上でも非常に有用です。したがって、化学を専門に勉強する人にはもちろん、化学が専門でない人にも、コンピュータで化学構造式を描くことは大いに推奨できます。

　コンピュータを用いると、手書きで構造を覚えた時のように、化学構造式が覚えられないのではないかと懸念する人もいます。個人的な違いはあるかも知れませんが、そのようなことはなく、むしろ構造式を美しく描くことで、より鮮明に記憶に残るようになると筆者は思います。きちんと描かれた構造式を用いると、分子間の比較（相違や同一性）も容易に行えます。当然、コンピュータで構造式を作図できると、それらを化学に関連する多くの勉強、実験レポート作成、そして化学に関連する多くの研究報告に活用できます。受験勉強で化学を選択している学生にも、大きな時間の節約になると思います。

　本書では、化学構造式を描くことのできるソフトウェア「ChemSketch」を用いて、化学構造式を中心に、化学を学習したり、仕事で使う場合に必要な作図の仕方について述べました。ソフトウェアは添付のCD-ROMに収められていますので、PC（Windows）をお持ちの読者なら、PC上で実際に作図ができます。ChemSketchはいわゆるフリーウェアですが、機能が非常に充実していますので、学生はもちろん、実務に使うことも十分に可能です。また、本文の説明で分かり難いところを学んだり、PCがない状態での動作を知る助けとするために、主な操作を「ムービー」にして添付のCD-ROMに収録してあります。

　本書を作成する上で、多くの方々にご協力をいただきました。まず、この素晴らしいソフトウェアChemSketchのCD-ROMを本書に添付することを快く了解して下さった米国Advanced Chemistry Development Inc.に深く感謝致します。また同社の国内代理店である富士通（株）、そして販売店である（株）エ

ルエー・システムズにも多くのご協力をいただきました。この場をお借りして御礼申し上げます。この企画は3年程前にいただいたものですが、筆者が思いがけず大病をしてしまい、出版が大変遅れました。その間、諦めずに暖かく励ましてくださった講談社ブルーバックス編集部の梓沢修氏に深く感謝申し上げます。

目 次

はじめに ❸

第 1 章 基 礎 編

1. ChemSketchと英語　⓭

2. 分子を記号で表すこと：化学構造式　⓰

3. 簡単な炭化水素　㉒

4. 分岐した炭化水素の描き方　㉗

5. 分子の名前のつけ方　㉛

6. いろいろな原子を含む分子を描いてみる　㊱

7. 二重結合や三重結合を描く　㊶

8. 環構造を描く ㊻

9. 登録されている部分化学構造の利用 ㊿

10. 分子の立体構造を平面上に表現する ㊼

11. 光学異性体を名前で区別する ㊿

12. 3D Viewerの簡単な使い方 ㊼

13. 3D Viewerで分子内の原子同士の関係を調べる ㊻

14. 3D Optimizationを利用して複雑な化学構造を描く ㊻

15. テンプレートの簡単な使い方 ㊽

第 2 章

ChemSketchのさらに進んだ使い方

16. Lewis(ルイス)構造で分子を表現する ⑩

17. 構造式以外の図の描き方 ——Draw機能の使い方 ⑫

18. 化学反応式を描く ⑲

19. 反応座標を描く ㉙

20. 実験装置を組み立てる ㊲

21. Drawモードのテンプレートの利用 ㊺

22. ユーザーのテンプレートを作る ⑯

23. ペプチドおよび核酸の描き方　170

24. 糖とステロイドの描き方　177

25. 複雑な分子の描き方　189

26. ChemSketchのその他の機能　196

27. ChemSketchと他のソフトウェアとのやり取り　208

28. ChemSketchのインストールの仕方　216

原子・分子・化学用語の英語表記　222

さくいん

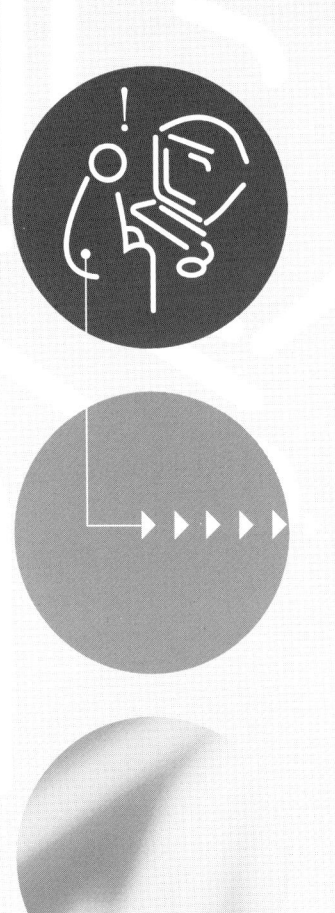

第 1 章 基礎編

この基礎編で、高等学校や大学初級の基礎化学に必要な化学構造式の描き方は一通りマスターできます。多少分かり難いところがあっても、基礎編は最後まで通読して下さい。本文中に出てくる例だけを実際にPCを使って演習するだけで、化学の基礎もだいぶ勉強し直す事ができるはずです。最初は、「鉛筆で図を書いた方が簡単だ」と思うかも知れませんが、すぐに手書きより何倍も速く、正確に、そしてきれいな構造式が描けるようになります。「習うより慣れろ」です。

　「ChemSketch」のインストールはとても簡単です。「28. ChemSketchのインストールの仕方」を参考に、最初にChemSketchをインストールしてください。

　ポイントとなる操作は「ムービー」にしてあります。｜｜内のmovie：＊＊＊は、＊＊＊という名前のmovieになっていることを示します。ムービーは「movie」というフォルダーに入っており、単にダブル・クリックするだけで見ることができます。是非活用してください。

1. ChemSketchと英語

　本書では米国のAdvanced Chemistry Development Inc.（以下ACD社）が配布している「ChemSketch」というソフトウェア（フリーウェア）を使いながら、化学構造式の描き方について説明を進めていきます。是非、添付のソフトウェアを皆さんのPCにインストールして、自分自身で操作して化学構造式を描きながら、本書を読み進んで下さい。インストールには10分もかかりません。実際に化学構造式を描いていく過程で、ChemSketchの操作に慣れるだけでなく、化学構造式の描き方、そして化学の初学者なら基礎的な化学の分野に登場してくるいくつかの分子の化学構造に触れることができるでしょう。

　受験生には、ちょっと難しい化合物も出てきますが、実際の化学の舞台に登場する化合物に触れてみてください。教科書に出てくるどちらかというと単純な化学構造だけでは物足りない人は、むしろこの複雑な化合物の形にわくわくするかも知れません。ChemSketchは非常に軽い（しかし非常に強力な）ソフトウェアですから、職場や学校の行き帰りにPCを携帯している人なら、電車の中でこのソフトウェアを操作することも簡単にできます。

　ChemSketchのインストールの仕方は、第28節に書いてありますので、それを参照して下さい。これ以降は、ChemSketchが正常にインストールされていることを条件に話を進めることにします。無償のソフトウェアだからと決してあなどらないで下さい。ChemSketchにはプロの化学者でも使いこなせないほどたくさんの機能があります。でも安心して下さい。これから順を追って、その使い方を説明していきます。画面に見えるのは、すべて英語です。これも全く心配いりません。中学3年生であれば分かる英語です。

　日本の化学教育は、ドイツの影響を第二次世界大戦以前までは強く受けてい

ました。多くの化学用語が現在でもドイツ語読みで使われているのは、その影響です。酸性かアルカリ性かを示すpHもしばらく前までは、「ペー・ハー」と発音されていましたが、これはドイツ語読みのpHです。英語読みでは、そのまま「ピー・エイチ」です。ガスの一種「メタン」もドイツ語読みです。英語読みでは、「メセイン」になります。第二次世界大戦後、ドイツ語の化学（さらに他の分野でも）における影響力は急速に衰えました。今では、国際学会での公用語は英語になっています。昔はドイツ語で出版されていたドイツの学術雑誌でさえ、英語で書かれるようになっています。

　このような状況で、日本では、どちらかというと無駄なことが起こっています。つまり学校で覚えた化学用語のほとんどはドイツ語読みであるため、後でもう一度その単語の英語読みを覚える必要があるということです。日常的な問題としては、英語のニュースを聞いても、化学用語のところが全く聞き取れないということになります。本来、科学に関するニュースは論理的なので、聞き取りやすいはずなのですが、肝心の用語が聞き取れないとどうしようもないわけです。

　今でも、欧米に留学する人達が最初に困ることは、この化学用語の問題です。筆者は、化学用語はすべて英語読み、さらには英字にすべきだと思っています。でも教科書検定に携わっている偉い先生方はこの意見には賛成できないようです。しかし、この問題は、私たちにとって現実的なことですので、私たちが自己防衛すべきことなのかもしれません。今後しばらくの間は、公用語としての英語の位置づけは変わらないと思います。したがって、皆さんには是非とも英語で化学用語に慣れることをお勧めします。英語表記の一例を巻末に示しました。一度目を通してみて下さい。

　少し長くなりましたが、本節では化学用語をなるべく英語で書く理由を述べました。本書では、少なくとも分子の名前は全て英語にしました。多少統一の取れていないところもありますが、取りあえず少しでも英語に慣れていただけ

れば幸いです。でも、受験生が、答案用紙にメタンではなく、methane（あるいはメセイン）と書くと、当分の間はバツ（×）になりそうですので、気をつけて下さい。×にならない日が近いうちに来ると筆者は思っていますが……。

2．分子を記号で表すこと：化学構造式

　分子というのは、原子が化学結合したものです。原子（元素）の種類は、せいぜい200種類ぐらいしかありませんが、それを化学結合で組み合わせることにより、ほとんど無限に近い種類の分子が出来上がることになります。化学の好きな人にとっては、この可能性はわくわくすることですが、化学の嫌いな人にとっては、この可能性がうんざりさせる原因になります。この本では、主に有機化合物について説明しますが、有機化合物を作り上げる原子の種類はそんなにたくさんありません。水分子を除くと、私たちの体を構成している分子の9割以上は有機分子からなっています。有機分子とは、ごく簡単に言ってしまうと炭素原子を主に含む分子と言えます。有機分子を構成する原子の種類は少ないのですが、使用する原子の数が多くなると、非常に多様な分子が出来上がります。

　分子を表現するには、それを構成する原子をまず表現しなければなりません。原子は、図2-1に示すように、原子核と電子からなっていますが、分子の化学構造を書く時にいちいちこの構造を書くのは面倒です。そこで、各原子をアルファベットで表現して原子を表すことになっています。これを原子記号と言います。皆さんもよくご存じのように、水素原子はH、炭素原子はCそして酸素原子はOなどと表します。H、CそしてOは、英語のhydrogen（水の素）、carbon（炭の素）そしてoxygen（酸の素）の頭文字を取ったものです。ついでにこれらの原子はド

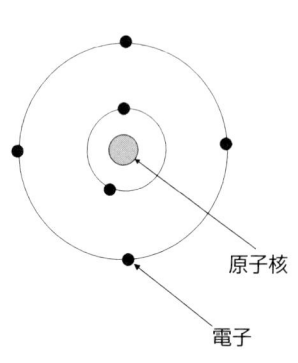

図2-1　C原子の原子の構造

イツ語ではWasserstoff（水の素）、Kohlenstoff（炭の素）およびSauerstoff（酸の素）と言います。ドイツ語の頭文字が全く原子記号と異なることが分かると思います。使うことが少なく、原子記号との対応もないドイツ語で覚えるより、英語で原子名を覚えた方がずっと得策であることが分かるでしょう。でも例外もあります。電球のフィラメントに使われるタングステンの原子記号はWです。英語ではtungstenですが、実はWはドイツ語のWolframから来ています。

　原子はアルファベットで表しますが、それらの原子を結ぶ結合は線で普通表します。それらの原子が「結ばれている」ことを表すからです。原子を表すのがアルファベット（1文字ないし2文字）であるのに対して、結合を表す方法にはかなり多くの種類があります。その背景には、「化学構造式はあくまで模式図である」ということがあります。正確な分子像を描くことは事実上不可能です。私たちが、分子を表現するために用いる方法では、分子の実体のある側面を強調して表現できるだけです。したがって、強調すべき性質によって、表現方法を変える必要性が出てきます。

　結合を表現する種々の方法について述べる前に、化学結合の簡単なおさらいをしておきましょう。化学結合は基本的に原子中の電子によって作られます。C原子には6個の電子がありますが、化学結合には通常4個の電子が使われます。H原子には1個の電子しかなく、この1個の電子を使って化学結合を作ります。化学結合は原則として偶数個の電子からできています。2個の電子からなる場合では、結合に関与する各原子から電子が1個ずつ供給されます。つまり原子は互いに電子を均等に出し合って結合を作るのです。このような結合を共有結合（covalent bond）と呼びます。その様子を図2-2の模式に示しました。この図のように、化学では電子を黒い小さな点で表します。原子A

A:B

図2-2

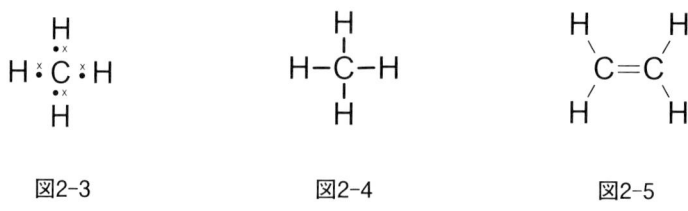

図2-3   図2-4   図2-5

およびBからの電子1個ずつが対になり、二つの原子の間で共有されることで、その間に結合ができます。methane（メタン：CH_4）分子には1個のC原子と4個のH原子が含まれ、それらが**図2-3**のように結合しています。C原子の結合を作ることのできる4個の電子は、4個のH原子からの電子と対を作ることで、共有結合を作ります。図2-3のように結合を表してもよいのですが、いちいち電子を書くのが面倒ですので、**図2-4**のように結合している原子間に線を引き、それらが結合していることを示した方が便利です。電子の配置に特別な意味を持たせて表現する場合を除き、図2-4のような方法が一般的に使われます。

図2-5に示すethylene（エチレン：C_2H_4）分子は、二つのC原子と四つのH原子からなっています。C原子には結合に使える四つの電子がありますが、二つのC原子は各々二つのH原子と結合を作り、またC原子同士も結合を作ります。これで、C原子の3個の電子は使ったのですが、もう一つ電子が余っています。この電子を二つのC原子が出し合うことで、C原子間にさらに結合が1本できます。つまり、C原子間には二重の結合ができます。これを二重結合と呼びます。二重結合は原子間の二本線で表します。実は2本の結合の性質には大きな違いがあります。

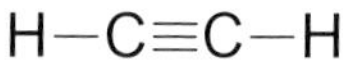

H−C≡C−H

図2-6

図2-6に示すacetylene（アセチレン：C_2H_2）

分子では、さらにC原子間の結合が増え、三重結合ができています。三重結合は原子間の三本線で示します。三重結合の2番目および3番目の結合は、1番目の結合と異なる性質を持っています。

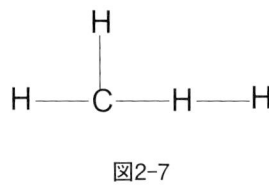

図2-7

以上のように、原子間の結合にはいくつかの種類があり、それを私たちは化学構造式で区別することができます。

分子は原子からできていますが、それらの原子がきちんと決まった相手と結合しない限り、分子としては成り立ちません。C原子とH原子がmethane分子と同じ数だけ含まれていても、**図2-7**に示すような分子は現実のものとして存在することはできません。分子を構築する原子の使い方はきちんと決まっています。その法則を研究し、その法則を利用して新しい分子を作り出すのが化学の魅力であり、仕事です。

もう、さっそく分子の図を描いてみたいという人がいると思いますが、もう少し待ってください。もう一つだけ大事なことをチェックしてから、実際の化学構造式を描いてみましょう。先ほど、原子はアルファベット1文字ないし2文字で表すと言いましたが、これでは実のところ十分ではありません。原子が中性の時はこれでよいのですが、正または負の電気を帯びている（電荷を持っ

a   b

図2-8

2. 分子を記号で表すこと：化学構造式

図2-9

ている)ことが少なくありません。その場合は、その原子が正(プラス)の電荷を持っているか、負(マイナス)の電荷を持っているかを示さなくてはなりません。

　例をあげましょう。アミノ酸(amino acid)は生物の体の中で重要な働きをします。**図2-8**に示すアラニン(alanine)というアミノ酸は絹の中にたくさん入っているアミノ酸で、私たちの体を作るタンパク質としても欠くことのできないアミノ酸です。このアミノ酸の化学構造式は形式的にはaのように示すことができますが、生体内ではカルボン酸(carboxylic acid：-COOHをもつ有機酸)は解離し、解離したプロトン(H^+)はアミノ基(amino group：$-NH_2$)に結合しています。つまりbのような化学構造をとっています。すなわち一つのO原子はマイナス電荷を帯び、N原子はプラス電荷を帯びています。このような場合、bに示すように、O^-およびN^+のように表します。鉄イオンのように、2価の陽イオンになり得る場合には、Fe^{2+}と表します。

　先ほど共有結合では二つの原子が電子を一つずつ出し合い、共有することで結合が生じることをお話ししました。それでは**図2-9**にあるように、いったんA原子とB原子が結合して出来上がった結合が切れる場合を考えてみましょう。

　まず、共有結合は二つの原子AとBが１個ずつ電子を出し合ってできる結合

です。この問題を考える大きな前提は、電子はそれ以上細かく分割することができないということです。このルールを使えば、二つしか方法はありません。aに示すようにA原子およびB原子が電子を1個ずつ等分にもらう方法と、bに示すようにBまたはAが二つ電子をもらいAまたはBは電子をもらわないという方法です。bの場合、その結果Aはプラス電荷を帯び、Bはマイナス電荷を帯びることになります。つまり一つの陽イオンと一つの陰イオンに分割されるということです。これに対して、aではAおよびB原子は二つとも「ラジカルになった」と言います。ラジカル（radical）を表すにはA•のように黒丸を原子の横につけます。最近はあまり使うことがないかも知れませんが、日常会話で「あいつはラジカルだから」と使うと、「あいつは過激だから」という意味になります。実際に原子のラジカルも過激で、化学反応性に非常に富んでいます。

　以上のように分子を作る原子の状態はいつも中性とは限らず、プラスになったりマイナスになったり、またはラジカルになったりします。そしてその状態を私たちは化学構造式で表現することが可能です。

3．簡単な炭化水素

　それでは、「ChemSketch」を使って分子の化学構造式を描く練習を始めましょう。

　炭化水素（C_mH_n）は有機化学の基本になる分子ですが、あまりめりはりがありません。少し退屈するかも知れませんが、ChemSketchの基本操作に慣れるためにはよい材料です。もしChemSketchが立ち上がっていなければ、起動して、図3-1 aの画面にして下さい{movie:起動}。ソフトウェアを起動すると、図3-1 bや図3-1 cのような画面が現れますが、それらには全てOKで答えて下さい。図3-1 cの「Tip of the Day」は起動する度に、一口メモ的にChemSketchの

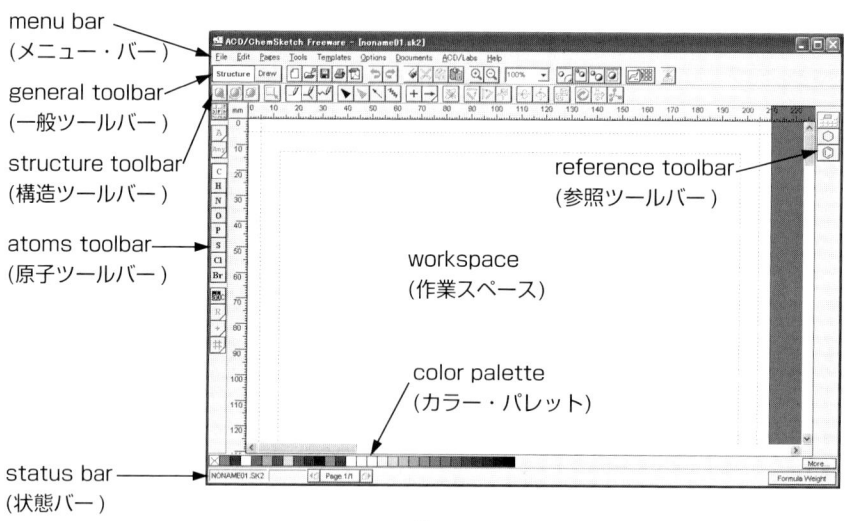

a

図3-1

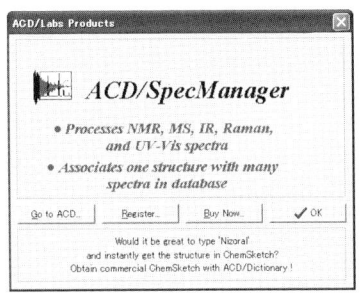
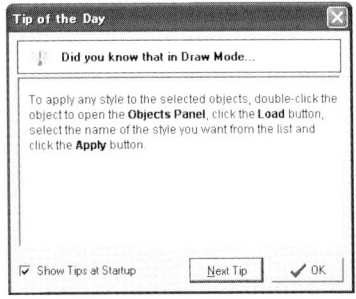

b   c

図3-1

便利な使い方のヒントを教えてくれます。しばらくしてChemSketchの使い方にある程度慣れてきたら、読むことをお奨めします。英語の勉強にもなります。

　さて、ChemSketchには非常にたくさんの機能があり、それを選択するためのメニューやツールが画面に表示されます。それらは機能別に画面上にまとめられていますので、慣れると非常に使いやすいものです。ツールバーにあるアイコンは分かりやすい絵になっていますが、たくさんあるので一度には覚えられないでしょう。使いながら習得していきましょう。ここでは取りあえず、「structure toolbar」（構造ツールバー）と「atoms toolbar」（原子ツールバー）だけを使います。structure toolbarには、分子全体の方向や大きさを変えたり、いろいろな結合を描く機能などが並んでいます。atoms toolbarには主に原子の種類を指定する機能が並んでいます。化学構造式を描く際には、これらのツールバーの機能を最も多用します。

　もっとも簡単な炭化水素であるmethane分子は、簡単に作れます。炭化水素では、H原子以外は全部C原子ですから、atoms toolbarの C をクリックします（ソフトウェアが立ち上がった時には、通常CのみがON状態になっていま

す）。structure toolbarでは、Draw Normal（通常描画）ボタン ☑ をクリックします（立ち上がった時には通常この状態になっています）。この状態で、マウスをworkspace（作業スペース）におくと、マウスのポインタの横にC−Cのアイコンが表示されます。そこで左マウスをクリックすると、**図3-2**のようにworkspaceにCH_4分子が描かれます。methaneは最も単純な炭化水素で、いわゆるメタン・ガスです。燃料にも使われます。

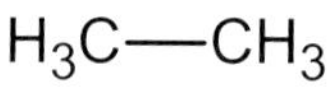

CH_4

図3-2

　methaneのC原子の上にマウスをもっていき、そのまま左ボタンを押したままドラッグ（あるいはクリック）して、ボタンから指をはずすと、**図3-3**のようにH_3C-CH_3という分子が描けます。ethane（エタン）分子です。ethane分子も普通の状態では気体で、天然ガス中に含まれる成分です。

H_3C-CH_3

図3-3

　炭化水素をこのように描いてもよいのですが、長い鎖を描く場合には、いちいちクリックするのは面倒だし、C原子の数を数えるのは意外と厄介です。多すぎたり、少なすぎたりすると、修正する必要も出てきます。このような操作を便利にやってくれる道具がChemSketchには備わっています。ここでは炭素数が5個からなる直鎖状のn-pentane（ノーマルペンタン）を描く方法を説明します。

　そのためには、まずstructure toolbarのDraw Chains（鎖描画）☑ を選択します。workspace上の適当な位置で、左マウスをドラッグすると、マウスのアイコンの上にC原子の数が表示されます。いまの場合、C5の数字が出るまでドラッグすればよいのです。そうすると**図3-4 a**のようにn-pentaneが描けます｛movie:pentane｝。この図では両端のC原子にはH原子が3個ずつ結合していますが、中央にあるC原子にはH原子が表示されていません。なおかつ中央のC原子にはCという記号すら書いてありません。化学、特に有機化学では、このように自明な場合C原子やH原子を表示しないことがあります。折れ線の

図3-4

各頂点にはC原子があることが暗黙の了解です。またそれらの原子には、そのC原子の化学的な環境に応じてH原子が結合していることを意味します。つまり、図3-4 aの構造は、図3-4 bの構造と同じです。C原子は4個の原子と結合できますので、中央の3個のC原子にはそれぞれ2個のH原子が結合しています。もちろん、全てのC原子そしてH原子を表示することも可能です。その方法については、後で説明します。

　ここで構造式を描き損じた時の修正の仕方を覚えましょう。いま、n-pentaneを描くつもりが、うっかりいき過ぎて6個のC原子からなる直鎖状の分子構造を描いてしまったとします。この場合、端のC原子を削除すればよいのですが、それを行うにはいくつかの方法があります。一つは、general toolbar（一般ツールバー）にあるDelete（消しゴム）機能 を使う方法です。このボタンを押すと、マウスのアイコンが黒い矢印に変わります。矢印の中に白くDELと表示されます。この矢印を削除したい原子の上にもっていき、マウスの左ボタンを押すと、その原子が消え、新しい末端のC原子がCH_3に変化します。Delete機能を中止するには、作業スペース上で右ボタンを押します。すると黒い矢印が消え、Delete機能が解除されたことを示します。

　もう一つは、structure toolbarにあるLasso On/Off（選択）ボタン または を使う方法です。このボタンはトグル・スイッチ（押す度に、状態を入れ替えるスイッチのこと）です。前者は四角で囲まれる領域を選択します。後

者は任意の曲線で指定する領域を選択します（lasso selector（投げ縄選択）と言います）。いずれかの状態になっているこのボタンを押して、原子を選択できる状態にします。この状態で消したい原子の領域を左ボタンでドラッグして指定すると、その領域に小さい四角が現れ、その領域が指定されたことを示します。いまは末端のC原子を選択します。この状態で、menu barにある［Edit］（編集）を選択し、その中の［Cut］（削除）をクリックすると、指定された原子は削除され、新たに末端のC原子はCH_3になります。

　反対に、C原子4個のところで止めてしまったので、もう一つC原子を付け加えたいという場合は、atoms toolbarでC原子が選択されていることを確認して、通常描画ボタン▱を押して、末端のC原子をクリックして下さい。そうすると末端に新たにCH_3が付け加わります。

　図を最初から全部描き直したいという場合には、上の方法は面倒です。そういう場合には、［Ctrl］キーを押したまま［A］のキーを押して下さい（このような操作を以下、［Ctrl＋A］と表します）。この操作で画面上の全ての図が一度に選択されます。次に［Ctrl＋X］を使うと、全ての図を消去できます。

　また、うっかり先に進んでしまったが、前の図からもう一度作業をしたいということも作図をしているとよく起こります。安心して下さい。ChemSketchにはそれを可能にする強力な機能があります。「general toolbar」のUndo（もとに戻す機能）▱とRedo（やり直し機能）▱です。前のボタンを使うと、20段階以上も前の操作に戻ることができます（筆者はここまでしか数えていませんが、これ以上 遡(さかのぼ)ることができそうです）。筆者のように途中で気が変わってしまう人間には非常にうれしい機能です（有償のソフトウェアでも、ここまで遡れる機能を持ったものは多くありません）。また後者の機能を使うと、その逆ができるわけです。以上の機能がChemSketchにはありますので、皆さんは失敗を恐れずに、どんどん挑戦して下さい。コンピュータで描く最大のメリットは、修正が簡単であることです。

4. 分岐した炭化水素の描き方

　C原子が4個からなる炭化水素はbutane（ブタン）と言います。butaneには10個のH原子が含まれます。butaneと呼ばれる分子には実は2種類あります。図4-1に示すaもbもbutaneなのです。C原子とH原子の数を数えてみて下さい。両方とも同じです。aをn-butane（ノーマルブタン）と呼び、bをisobutane（イソブタン）と呼びます。同じ種類の原子を同じ数含んでいても両者は分子としての性質に大きな差があります。例えば両者の沸点を比べるとn-butaneでは－0.5℃ですが、isobutaneでは－11.7℃と大きく異なっています。

　同じ種類の原子を同じ数含んでいても、原子同士の結合の仕方によって生じる異なる分子のことを、構造異性体と言います。単に異性体（isomer）ということもあります。異性体ができることで、分子の可能性はずっと増えます。化学が嫌いな人にとっては「ぞっと」することでしょうが、安心して下さい。重要な異性体は限られていて、C原子数の多い、したがって多数の異性体をもつ分子が、化学や生命科学の表舞台に出てくることは滅多にありません。しかし、教科書ではどうしても異性体のことを述べなくてはいけないので、比較的初めの方で述べます。その結果、化学嫌いの人を作ってしまうのです。くどいようですが、C原子の数の多い分子の異性体の数を知る必要があるのは受験勉

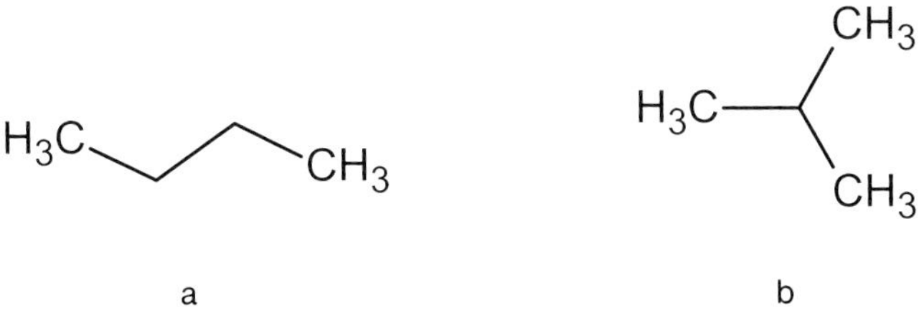

a　　　　　　　　　　　　　　b

図4-1

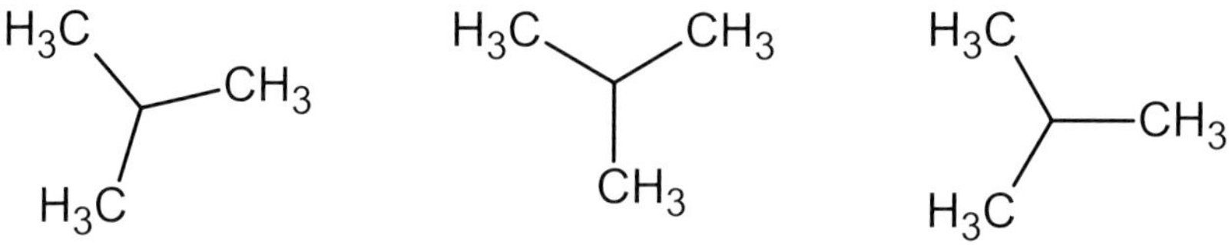

図4-2

強ぐらいのものです。先生にとっては、異性体の数を答えさせる問題は答えが明確ですので、出しやすい問題ですが、ちっとも化学の本質に迫る問題ではなく、筆者個人はこのような問題はあまり適切な問題だと思っていません。

脱線しましたが、図4-1b分子のような枝分かれした（分岐した）分子の上手な描き方を説明しましょう。この本の主題の一つである、「美しい化学構造」を描くには、分子を適切な配置にする必要があります。とりあえずisobutaneを描いてみましょう。C原子 C を選択して、Draw NormalボタンをONにします。この状態でworkspace上のどこかでマウスの左ボタンをクリックすると、methane（CH_4）が描かれます。マウスの位置をずらさず、その場で左ボタンを3回クリックすると、**図4-2** aのようなisobutaneが描けます。この化学構造もきれいな形ですが、左下の結合を垂直にした方が見やすいかも知れません。その状態にするには、structure toolbarにある、Set Bond Vertically（結合を垂直にする）ボタンを使います。まずこのボタンをクリックしてONにします。次に左下の垂直にすべき結合をクリックします。これで図4-2 bのような状態になります。もし結合を水平にしたいのであれば、やはりstructure toolbarにある、Set Bond Horizontally（結合を水平にする）ボタンをONにしてから同様の操作を行います。すると図4-2 cのように描

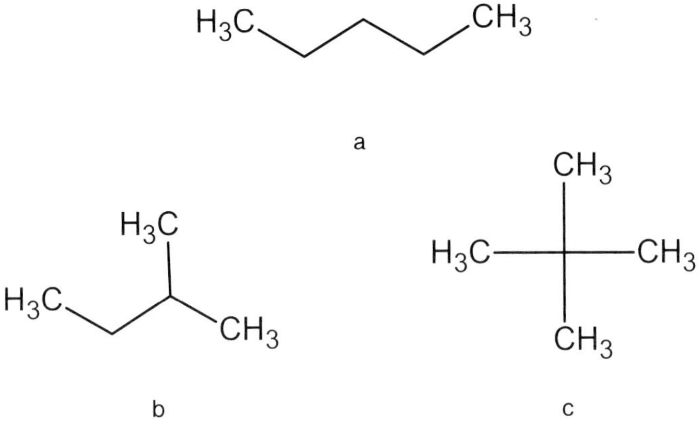

図4-3

けます。これらのボタンをOFFの状態に戻すには、workspace上の適当な場所でマウスの右ボタンをクリックして下さい。これはChemSketch内でほぼ共通の機能です {movie:isobutane}。

3節で述べたn-pentaneにも構造異性体があります。練習のためにこの分子の構造異性体すべてを考え、その化学構造式を描いてみましょう。図4-3のような3種類の分子が描けるはずです。このようにworkspaceには、複数の分子を同時に表示することができます。これまでに学んだ方法を使って、最も美しく見える化学構造式を描いてみて下さい。3分子をworkspace内で適切に配列するには、各分子を選択した後で、structure toolbarにあるSelect/Move（選択・移動）ボタン をONにして左マウスをドラッグしながら分子を上下左右に動かすことができます。その際、平面上のxおよびy座標が表示されますので、その値を目安に移動すると、分子を見やすく配列することができます。

ここでまた寄り道をします。いま、図4-3のように分子を複数描いた時は、

それらが正しいかどうかをチェックする必要があります。もちろん化学構造式を見れば、分かるのですが、含まれる原子の数で比較すると簡単です。図4-3の場合、3種類の異性体がすべて同じ数のCおよびHの原子を含まなければなりません。画面の下にあるstatus bar（状態バー）の小窓には、「Fragments：3、$C_{15}H_{36}$、FW：216.446」と表示されています。これは、いまの画面に3個の独立した（化学結合していない）分子があり、それらの分子全体の化学組成が$C_{15}H_{36}$で、その質量が216.446であることを示します。つまり全部の合計を示します。各分子について化学組成や質量を求めたい時には、Lasso On/Offボタン をONにして、調べる分子を指定して下さい。3分子すべてがC_5H_{12}で、質量は72.149になるはずですので、確かめてみて下さい。これらの値がすべての異性体で一致していれば、正しい構造式が書けていることをダブル・チェックできたことになります {movie:pentane (isomers)}。ちなみに、二つの分子を指定すると$C_{10}H_{24}$で、質量は144.298になります。

5. 分子の名前のつけ方

　化学を初めて学ぶ人を困らせる大きな要因の一つが分子の名前です。実は、初学者だけではなく、結構な経験を積んだ研究者でも、化学を30年以上勉強している筆者でさえ、分子の名前には困ることがあります。つまり、初学者が名前で困るのは当たり前なのです。しかし、分子の名前を覚えることが化学ではありませんので、これも化学的には重要な問題ではありません。
　ただ、分子に名前がないと何かと不自由です。私たちの名前の場合と同じで、名前には正式なものと慣用的なものがあります。正式な名前はきちんとその分子の化学構造を言い表すので、一見複雑になります。一方慣用的な名前は、その分子のニックネームのようなもので、その分子の性質や起源などに由来しているため、簡単であり、またその分子を思い浮かべる上で便利です。他の科学の分野でもそうですが、なるべく用語は系統的につける方が有用です。系統的な名前の便利なところは、その名前から誰でも間違いなく１種類の分子を特定できることです。規則さえ覚えれば（これが意外と複雑なのですが）、名前から化学構造式を描くことも、化学構造式から名前を知ることも機械的に行うことができます。
　化学構造の名前の付け方は国際的に決まっていますので、世界中で使うことができます。正に国際的な言葉です。化学に関する国際的な組織であるIUPAC（International Union of Pure and Applied Chemistry：国際純正応用化学連合）がこの規則（IUPAC命名法）を決めています。このIUPAC命名法の内容は本書の枠を超えるものですから、述べることは省きます。ChemSketchには簡易版の命名機能がついています。H原子を含んだ原子数が50個までの比較的単純な分子について、コンピュータがこの命名法に基づいて命名をしてくれます。つまり構造式から名前を教えてくれます。ChemSketchを使えば、高等学校の

化学に出てくる分子はもちろん、短大や大学初級で出てくるほとんどの分子の名前をつけることができます。

　この機能を利用して、これまでに出てきた単純な化合物の名前を求めてみましょう。最初にethane分子を作業スペースに描いてみましょう。Lasso On/Offボタン ▭ を使ってこの分子を選択します。次に、menu barの［Tools］の中の［Generate Name from Structure］（構造から命名）を選択すると、化学構造式の下に、ethaneという文字が出てきます。general toolbarにあるGenerate Name from Structure（命名）ボタン ▭ を押してもこの操作は可能です。つまりこの化学構造はethaneであることをChemSketchが教えてくれます。butaneとisobutaneについても命名してみましょう。さらにpentaneの3種の異性体についても名前を求めてみましょう。直鎖状の分子がpentane（nは省かれています）、分岐した分子はisopentane、最もコンパクトな分子がneopentaneと命名されます。

　最後にもう少し複雑な分子について命名してみましょう。図5-1の分子を見てください。これまでと雰囲気の違った名前がついていることに気がつくでしょう。a分子の名前は2,4-dimethylpentaneです。IUPAC命名法の原則で、なるべく長い鎖を命名の基本骨格に設定します。この分子の場合それは5個のC原子からなる骨格で、それはpentaneです。pentaとは英語で5を意味します。5角形で有名なアメリカ国防省の建物はPentagonですね。

　基本骨格が決まると、それを構成するC原子に番号付けをします。一つの端から、1、2、3、4と番号をつけ、もう一つの端のC原子の番号は5になります。この番号で、各C原子を区別します。この名前の2,4-dimethylは、2および4番目のC原子にmethyl基（メチル基：-CH_3）が結合していることを示します。

　diは二つを意味します。このmethyl基のように、いくつかの原子が集まってできた、分子の部分を原子団と言います。また、基本骨格に結合した原子団の

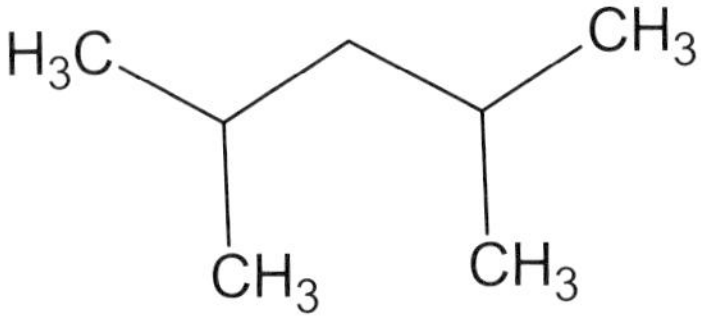

2,4-dimethylpentane

a

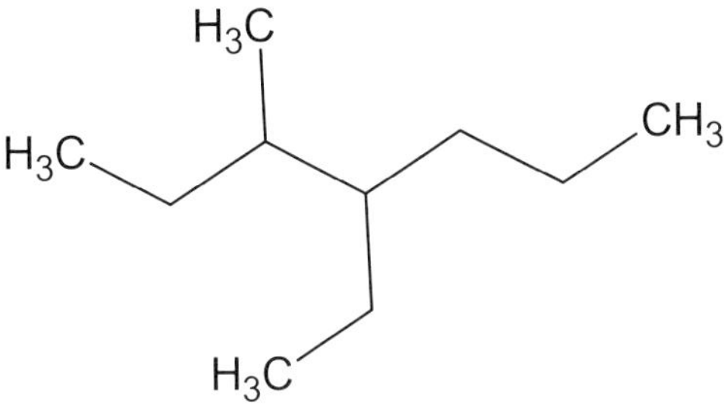

4-ethyl-3-methylheptane

b

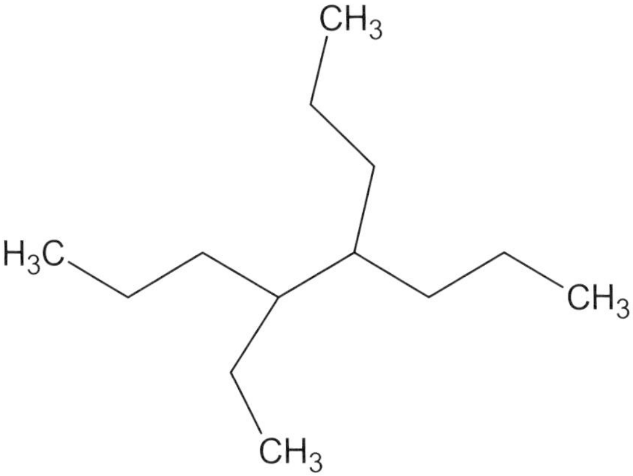

4-ethyl-5-propyloctane

c

図5-1

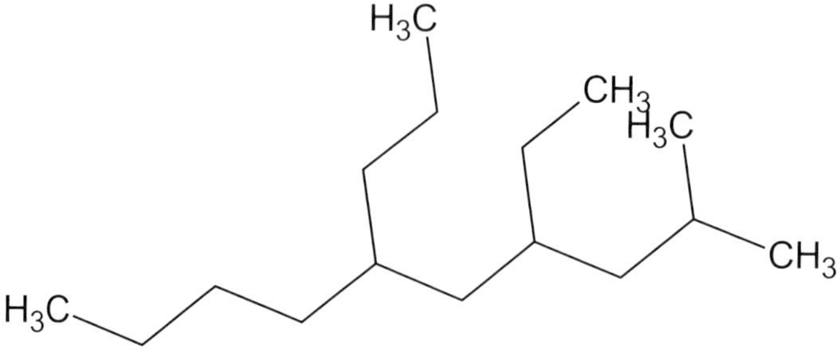

4-ethyl-2-methyl-6-propyldecane

d

図5-1

ことを置換基と呼びます。b分子では、最も長い鎖は7個のC原子からなりますので、まずheptane（heptaは7を表します）が決まります。この鎖のC原子には1番から7番までの番号がふられます。この図の左端のC原子から番号をふると、3番目のC原子にmethyl基が、4番目にethyl（エチル）基が結合すると考えられるので、4-ethyl-3-methylheptaneとなります。しかしもし右端のC原子から番号をふると、4-ethyl-5-methylheptaneになります。このように二つの可能性ができる場合には、もっとも数字が小さくなるような番号付けを行う規則になっています。つまり、前者の命名を採用します。

　cおよびdの化合物については、おおよそどうなるか予想してみて下さい。cの最も長い鎖は8個のC原子からなっています。8を表す英語はoctです。タコの足は8本あるので、octopusと言います。8個のC原子からなる炭化水素はoctaneです。したがって、まずoctaneを基本骨格にします。次に直鎖のC原子に番号付けをします。番号を右からふるか、左からふるかで、名前が変わり

ます。cの場合、ethyl（エチル）基とpropyl（プロピル）基が基本骨格に置換基として結合しています。ここで問題になるのは、それが結合しているC原子の番号によって、4-ethyl-5-propyloctaneになるか4-propyl-5-ethyloctaneになるか、です。こういう場合には、置換基の並びがアルファベット順になるような順番を選びます。つまり、IUPACでは4-ethyl-5-propyloctaneを採用します{movie:nomenclature}。同様の基準で、dの分子の命名を試してみて下さい。4-ethyl-2-methyl-6-propyldecaneになります。10を表す言葉はdecaです。

　ここまでの説明がなるほどと思った人も、面倒だなと思った人もいるかも知れません。面倒だなと思った人も、ここでがっかりしないで下さい。以上の説明から分かるように、この命名法は非常に論理的ですので、コンピュータが代行できます。試験の時は無理ですが、たいていの状況なら、コンピュータにやらせれば済むことです。本書では、いくつかの分子について繰り返し、この機能を使っていくつもりですので、自然と命名法のルールの概要が理解できると思います。こんなものは、「習うより、慣れろ」ですから。ChemSketchで図5-1の4つの構造を描き、名前もソフトウェアに決めさせてみましょう。任意の構造を描いて、その名前を考えてから、ChemSketchに答えを聞くというゲームもできます。

6. いろいろな原子を含む分子を描いてみる

　C原子とH原子以外にも、私たちに身近な原子としてO原子やN原子があります。これらの原子を使って、さらにバラエティのある分子を描いてみましょう。高等学校や大学初級の有機化学や生物学に現れるたいていの原子はatoms toolbarにすでに登録されていますので、原子種を選択するにはこの中の適当な原子をクリックすれば、それでOKです。

　簡単なところでethanol（エタノール）分子を描いてみましょう。まず図6-1 aのようにpropane分子を描きます。propane分子はC原子が3個からなる炭化水素です。次に、atoms toolbarの O のボタンをクリックして、ON状態にします。これ以降、workspace上でマウスの左ボタンをクリックすると、それはすべてO原子になります。propaneの端のC原子上にマウスをもっていき、そこで左ボタンをクリックします。そうすると図6-1 bのようにethanol分子が出来上がります。この操作はmethyl基をhydroxy基（ヒドロキシ基：-OH）に変換する操作とも言えます。マウスのアイコンはC－Cとなっていますが、この状態ではO原子を入力するモードになっています。試しにworkspaceの空いたところで、左マウスボタンをクリックしてみて下さい。H_2Oつまり水分子が表示されます。ChemSketchでは各原子を指定すると、その原子に結合したH原子の情報も表示してくれます。ethanolの例では、単にOとはならずOHとな

　　　　a　　　　　　　　　　　　　　b

図6-1

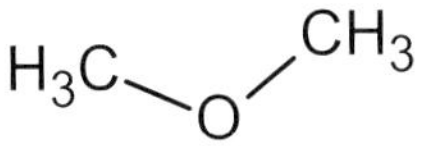

$H_3C-O-CH_3$

図6-2

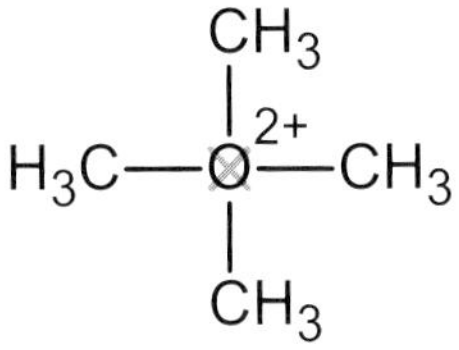

$$H_3C-\overset{CH_3}{\underset{CH_3}{\overset{|}{O^{2+}}}}-CH_3$$

図6-3

っていました。ethanolは通常アルコールと呼ばれますが、有機化学では炭化水素のH原子がOHに置換したものすべてがアルコールと呼ばれます。

　O原子 o を選択し、Draw Normal ✎ をONにした状態で、propaneの中央のC原子上でマウスの左ボタンをクリックすると、図6-2のような分子が出来上がります。この化合物の名前を知らない人は、既に習った方法で、この分子の名前をチェックして下さい。dimethyl ether（ジメチルエーテル：エーテルは英語ではイーサーと発音します）という名前が表示されます。この分子は単にエーテルとも呼ばれ、麻酔作用のある分子です {movie:ethanol}。

　次にneopentaneを描いてみて下さい。そして、その中央のC原子をO原子に変換してみて下さい。図6-3のような構造になります。O原子は表示されますが、O^{2+}となり、さらにOの上に赤字でチェック（×）が出ます。このチェックは、O原子はこのような状態での結合はできないことを忠告しています。O原子は通常、2個の原子と共有結合します。水は、O原子を持つ代表的な分子で、一つのO原子に二つのH原子が結合しています。ところが、図6-3の分子ではO原子は4個のC原子と結合しています。これはO原子としてはあり得ないことです。もっと正確に表現すると、「このような分子は非常に不安定で、安定には存在し得ない」、となります。仮に存在するならO原子は2＋の電荷を帯びる必要のあることをChemSketchは教えてくれます。

図6-4

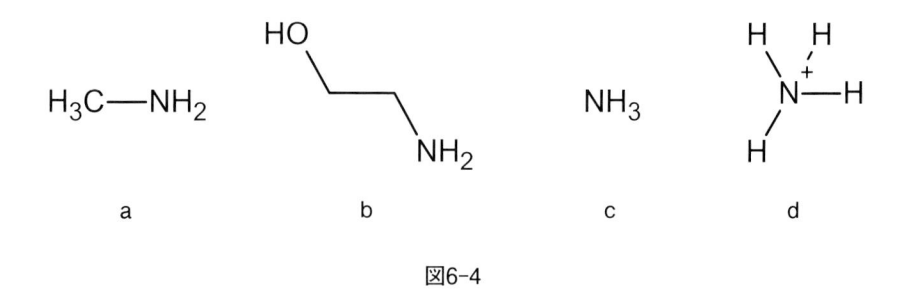

　このようにChemSketchでは、化学の初学者が仮に間違った化学構造式（化学的に妥当でない構造）を描いても、それに対してきちんと忠告をしてくれます。つまり、化学の先生の役割も果たしてくれます。描いた化学構造にチェックが出たら、その構造には誤りがありますので、正に要チェックです。
　N原子を含む簡単な化合物も描いてみましょう。ethane分子を描き、atoms toolbarでN原子 N をONにして、一つのC原子をクリックして下さい。図6-4 aのような分子が出来上がります。この分子の名前はmethanamine（メタンアミン）です。methylamineとも言います。図6-4 bに示す分子は2-aminoethanol（2-アミノエタノール）で、別名ethanolamine（エタノールアミン）と呼ばれる分子で、私たちの体内にもあり、重要な働きをしています。N原子を指定した状態で、workspace内の適当な場所をマウスの左ボタンでクリックすると、図6-4 cのようにammonia（アンモニア）分子が描けます。atoms toolbarで原子をH原子 H に切り替えて、structure toolbarでDraw Chainsモード を選択します。この状態で、N原子の上にマウスをもっていき、左ボタンを4回押しますと、図6-4 dのような分子が描けます。N原子には4個のH原子が結合でき、ammonium ion（アンモニウム・イオン）になり、N原子は1＋の電荷を帯びます。先ほどのO原子の場合とは異なり、チェック（×）がN原子上につい

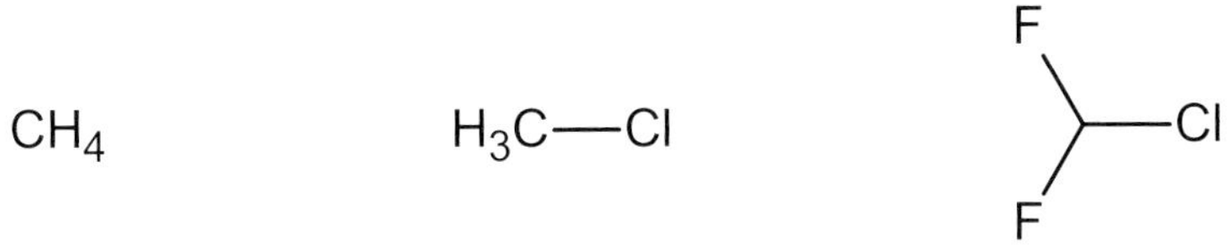

a　　b　　c

図6-5

ていませんので、この状態はN原子が実際に取ることのできる状態であることが分かります。

atoms toolbarにない原子も入力することができます。ここではその一例としてフロン・ガスの一種であるフロン22（$CHClF_2$）を描いてみましょう。**図6-5** aのようにまず、methaneを描きます。次にatoms toolbarのCl原子 **Cl** をクリックしてONにします。structure toolbarでDraw Chainsを指定して、マウスをC原子上に移動させ左ボタンをクリックします。そうすると、図6-5 bのようになり、塩素原子が一つ結合します。atoms toolbarにはF（fluorine:フッ素）原子がありません。atoms toolbarのいちばん上にあるPeriodic Table of Elements（元素の周期表）をクリックすると、**図6-6**のようにworkspaceの中央に周期表が現れ、任意の元素を指定することが可能になります。「F」のところにカーソルをもっていきますと、F原子の性質が上の窓のところに現れます。確認後に「F」をマウスの左ボタンでクリックすると、atoms toolbarに **F** が表示されます。そこで **F** をクリックしてONにします。あとは前と同じで、structure toolbarでDraw Chainsを指定して、マウスをC原子上に移動させ左ボタンを２回クリックします。出来上がりの化学構造は図6-5 cのようになります｛movie:flon22｝。

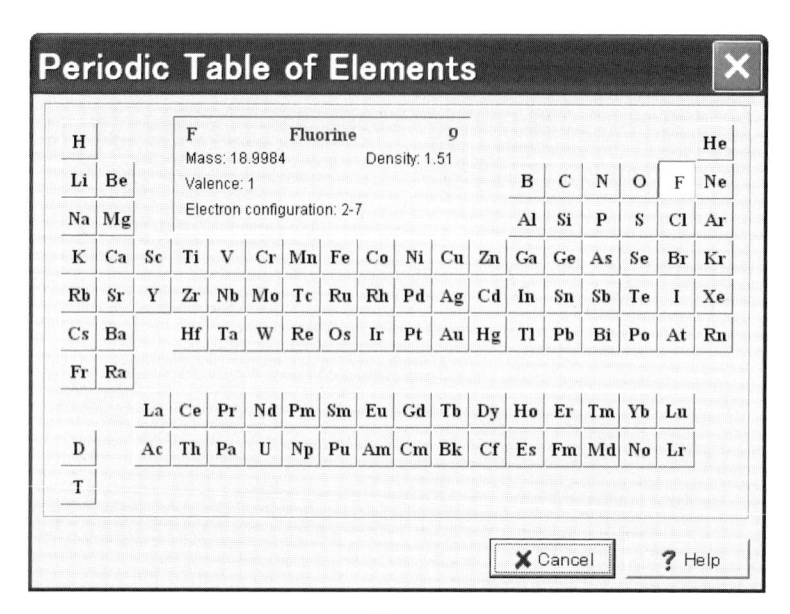

図6-6

　C原子のCは例によって、構造を見やすくするために表示されていません。周期表はたいていの化学の教科書や参考書の裏表紙などにも載っていますが、コンピュータを使ってレポートや報告書を書く時には、ChemSketch中の周期表は便利なツールとして使うことができます。いずれにせよ、ChemSketchはほとんどすべての元素を含んだ化学構造を描くことができます。

7. 二重結合や三重結合を描く

既に述べたethylene（エチレン）分子はC原子を２個そしてH原子を４個持ちます。この分子を描くには、まず**図7-1** aのようにethane分子を描きます。続いて、structure toolbarのDraw Normal をONにした状態で、二つのC原子間の結合をクリックします。そうすると図7-1 bに示すような二重結合を持ったethylene分子が描けます。もう一度クリックすると、図7-1 cに示すような三重結合を持ったacetylene（アセチレン）分子が描けます。さらにクリックすると一重（単結合）に戻ります。このように、二重結合や三重結合は簡単に描くことができます。なぜ四重結合ができないかは、ぜひ考えてみて下さい。

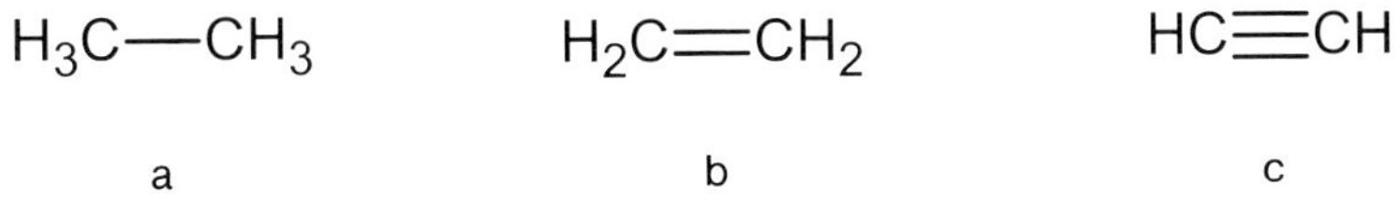
H3C—CH3
H2C=CH2
HC≡CH
a
b
c

図7-1

acetic acid（酢酸）はカルボン酸の一種であり、代表的な酸ですが、この分子を描いてみましょう。acetic acidの描き方は一通りではありません。その一つの方法を示してみましょう。まず**図7-2** aのようにisobutaneを描きます。

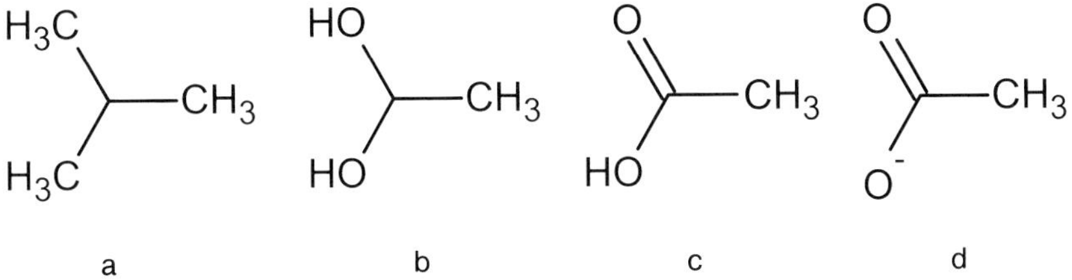
H3C
CH3
H3C
HO
CH3
HO
O
CH3
HO
O
CH3
O-
a
b
c
d

図7-2

atoms toolbarで O を選び、Draw Normalモード ✎ で、二つのC原子をマウスの左ボタンでクリックします。そうすると図7-2 bのような、二つのhydroxy基を持つ分子になります。続いて一つのC−O結合をクリックすることで、この結合が二重結合、つまりカルボニル結合に変わり、図7-2 cのようにacetic acidの構造が出来上がります。acetic acidは私たちの体の中では、図7-2 cのような化学構造ではなく、カルボン酸（carboxylic acid）が解離した形になっています。つまりCOOHではなく、COO⁻になっています。これを化学構造に反映してみましょう。

　atoms toolbarのIncrement（+）Charge + はこのような調節を化学構造式に反映させるツールです。最初はここには+の記号が書かれていますが、右下の小さな三角のところをマウスの左ボタンでクリックすると、設定できる状態 + − • ++ -• が表示されます。いまは−イオンにするのですから、−記号を左ボタンでクリックします。するとマウスのアイコンが−記号に変わります。この−記号をOHのところにもっていき、左ボタンをクリックするとOHがO⁻に変換され、解離した状態のacetic acidの構造が得られます（図7-2 d）{movie: acetic_acid}。

　Increment（+）Charge + を+状態に戻して、O⁻をクリックすれば元の中性状態に戻すことができます。**図7-3**に示すacetone（アセトン）やethyl acetate（酢酸エチル）は有機溶媒や化学工業原料として広く用いられていますが、いずれもカルボニル結合を持っています。練習のためにその化学構造を描いてみ

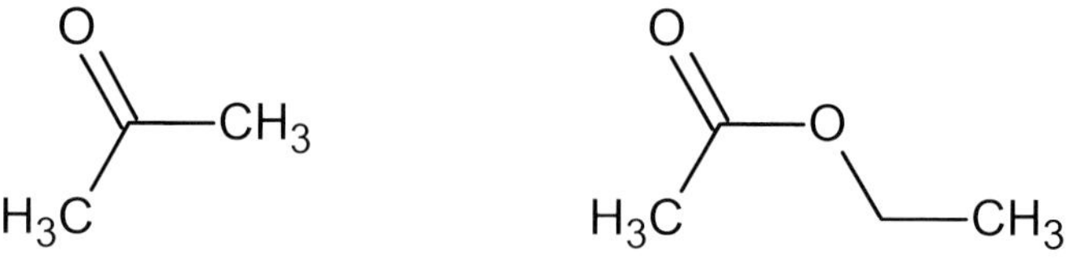

図7-3

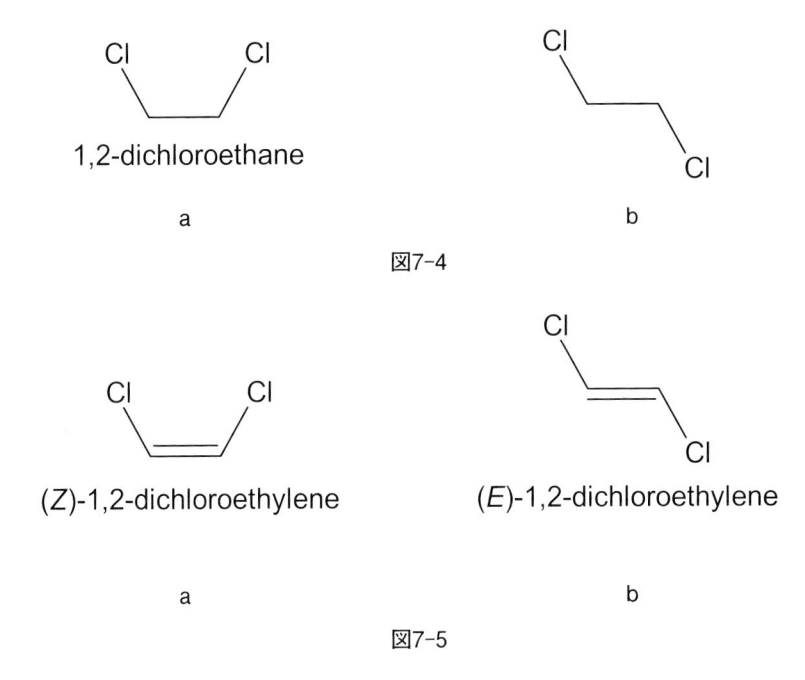

Cl   Cl
1,2-dichloroethane

a

Cl

Cl

b

図7-4

Cl   Cl

(Z)-1,2-dichloroethylene

a

Cl

Cl

(E)-1,2-dichloroethylene

b

図7-5

て下さい。

　図7-4に示した分子aは1,2-dichloroethaneです。それでは分子bの名前はどうなるか、確かめて下さい。やはり、1,2-dichloroethaneですね。それでは図7-5に示した二つの分子の名前を調べてみましょう。分子aの名前は(Z)-1,2-dichloroethyleneであり、分子bの名前は(E)-1,2-dichloroethyleneになり、名前が異なります。この違いは、二つのC原子を結ぶ結合の種類によっています。図7-4の化合物では、単結合ですが、図7-5の化合物では二重結合になっています。単結合では結合の周りの回転が可能です。図7-4 aの分子では、C

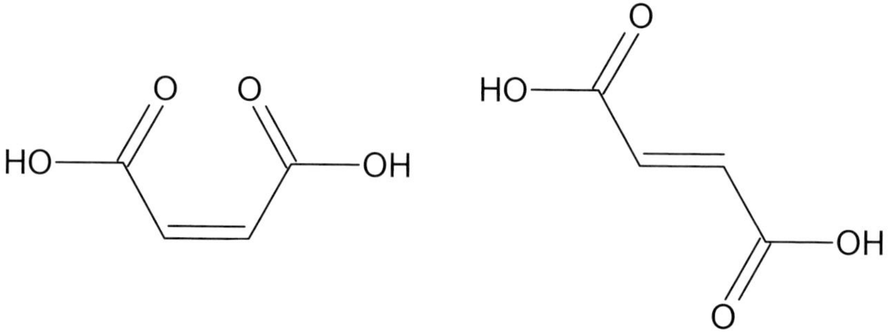

図7-6

－C結合の周りでCl原子を回転することができるので、bの分子と同じ配置をCl原子は原則として取ることが可能なわけです。つまり、図7-4のaとbの分子は同一分子として考えてよいのです。ところが、二重結合C＝Cの周りでは回転は不可能です。回転するには、少なくとも1本の結合を切断してから、回転する必要があります。したがって、通常の状態（私たちが暮らす、大気圧下での室温の状態をここでは考えます）では、図7-5のa分子をb分子にすることは絶対にできません。別の言い方をすると、図7-5の2分子は、通常の状態では別々の化合物として存在します。実際にa分子の融点（固体から液体になる温度）は－81.5℃ですが、bは－49.4℃と大きく異なっています。これに対して、図7-4の分子は単一の融点－35.4℃を示します。つまり、aとbの分子は区別できません。

　図7-5の2分子のように、置換基が二重結合の同じ側にあるか反対側にあるかによって生じる異性体を幾何異性体（geometrical isomer）と言います。通常、二重結合に対して置換基が同じ側を向いた構造をcis体、反対側を向いた

　　　　　　a　　　　　　　　　　　　　　b
　　　　　　　　　　　図7-7

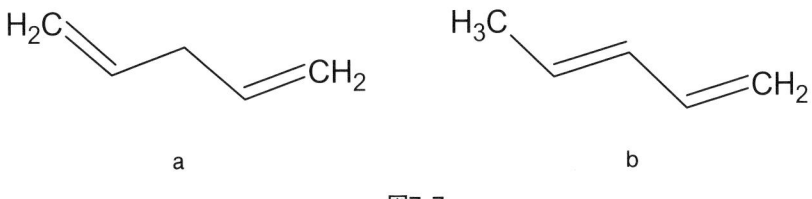

構造をtrans体と言います。IUPAC命名法では、cis体を（Z）で、trans体を（E）で表すことが薦められています。Zはドイツ語のzusammen（一緒）、Eはentgegen（反対）を表します。cisとtransはラテン語に由来し、それぞれ「ここ」と「横切って」を意味します。（Z）および（E）の方が、一般性がありますが、高等学校や大学初級、そして生化学の分野で現れる、比較的単純な化合物では今でもcisおよびtransが使われています。ChemSketchでは、すべて（Z）および（E）に統一されています。ドイツ語が使われている例外の一つです。

　図7-6に示される2分子も幾何異性体です。a分子の慣用名（IUPAC名ではないが通常の使用が認められている名称）はmaleic acid（マレイン酸）で、b分子の慣用名はfumaric acid（フマル酸）です。両分子が含む、C、HおよびO原子の数は全く同じですが、性質は非常に異なっています。fumaric acidは、私たちの体内でのエネルギー製造反応（クエン酸回路）において一時的に生じる分子で、私たちの生命活動に重要なものです。しかし、その時に、決してその異性体であるmaleic acidはできません。ついでに、図7-7の2分子もCおよびH原子の数が同じですが、全く違う分子です。またb分子については、もう一つの幾何異性体ができますので、時間のある読者は考えてみて下さい。これらの分子の二重結合についても、図7-5の分子のようにH原子以外が置換基として結合すると、幾何異性体がもちろん生じます。

8. 環構造を描く

　これまでは専ら、直線状の分子を描いてきましたが、多くの分子は環状の構造を持っています。特に生化学や薬学の分野では多くの環状化合物が登場してきます。ここでは環状構造を描く練習をしてみましょう。いちばん多く現れる環状構造は6個の原子からなる6員環です。後で、テンプレートの使い方を習うと非常に簡単に環状化合物を作ることができるようになりますが、ここでは将来的にどんな環構造にも対応できるように、最初から環構造を作ることを習ってみましょう。

　atoms toolbarでC原子 C をチェックして、structure toolbarでDraw Chains を選択します。既に説明した方法で、6個のC原子からなる直鎖を描きます（図8-1 a）。ここでstructure toolbarをDraw Continuous（連続描画）モードに変換して、両端のC原子をつなぎます（図8-1 b）。続いてmenu barの[Tools] の中にある［Clean Structure］（平面構造の整形）をクリックします。

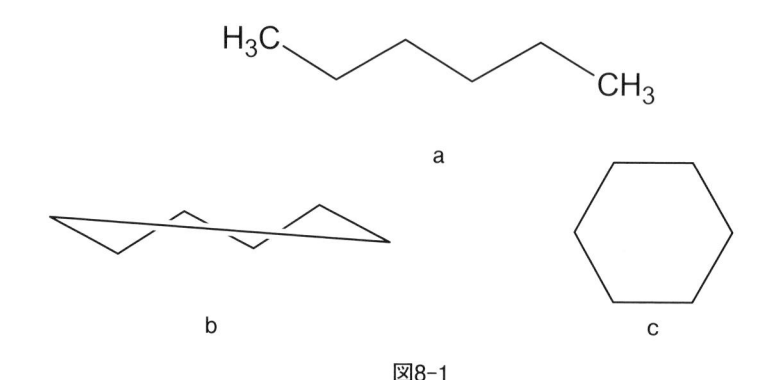

図8-1

a   b

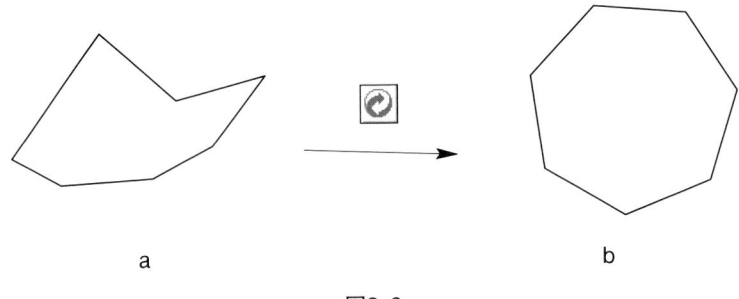

図8-2

すると、図8-1cのように6員環が出来上がります。このようにして任意の環構造を作ることができます。同様の手続きで7員環や10員環を作ってみて下さい。実に簡単に環が描けるでしょう。

　ちょっと脱線しますが、ここでClean Structureの使い方について補足します。**図8-2** aのように、Draw Normalモード を使うと、自由に結合を作ることができます。Draw Normalモード で、マウスを動かし、左ボタンをクリックすると、そこが頂点になります。最後に右ボタンをクリックすると、そこで作図がいったん終了できます。この図では、図8-2 bの構造を描きたかったのですが、結合の長さと角度を初めから考えて描かなかったので、結合同士の角度も、結合の長さもまちまちになっています。もちろん、既に述べた方法を使えば、きちんとした構造を最初から描くことはできますが、研究の案などを練ったり、考えながら作図をするとどうしてもこのようなことは起こります。つまり最初は8員環を描いていたが、途中で7員環にしようと考えが変わった場合などです。この場合、Clean Structureは非常に強力な助っ人になります。この機能を使うと、ほとんどフリーハンドで描いた化学構造式を、最も妥当な形に直してくれます。Clean Structureを簡単に指定するには、structure toolbarのClean Structureボタン を押せば可能です。ChemSketchの使いや

8. 環構造を描く　47

a　　　　　　　　　　b　　　　　　　　　　c

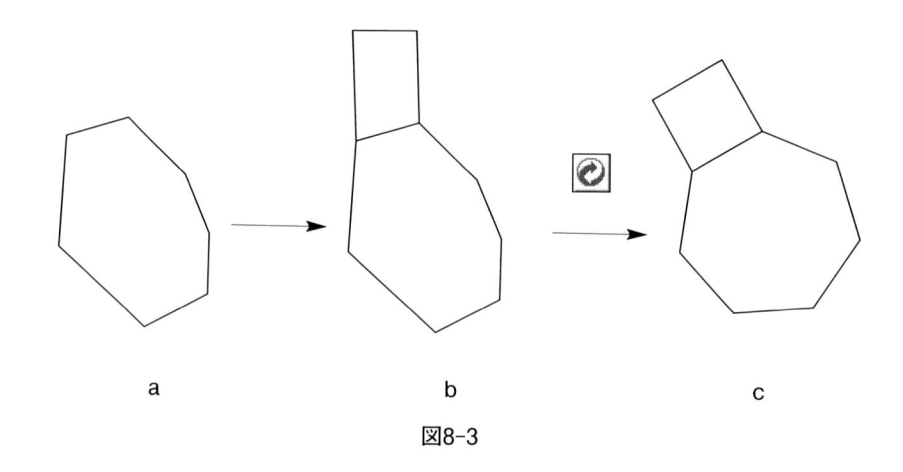

図8-3

すい点は、このように頻繁に使用する機能があらかじめボタンとして用意されていることです。

　話を戻して、環構造の話を続けましょう。分子の中には二つ以上の環を持っているものも少なくありません。そのような構造もChemSketchでは簡単に描くことができます。図8-3 cの構造を描くには、まず7員環を描き、続いて4員環を描けばよいわけです。Clean Structure ⊘ は最後に一度だけ行えばよいでしょう。benzene（ベンゼン）環のように二重結合を含む環を描くには、図8-4のように、まずその環構造を描き、続いて二重結合を入れます。環内にO原子やN原子などのヘテロ原子（CとH以外の原子を通常ヘテロ原子と言います）を含む環を描く場合は、まず環を描いてから、該当する原子をヘテロ原子に置き換えます。ヘテロ原子を環内に含む環のことをヘテロ環と言います。図8-4では、各環の名前もChemSketchで求めてみました {movie:oxazine}。

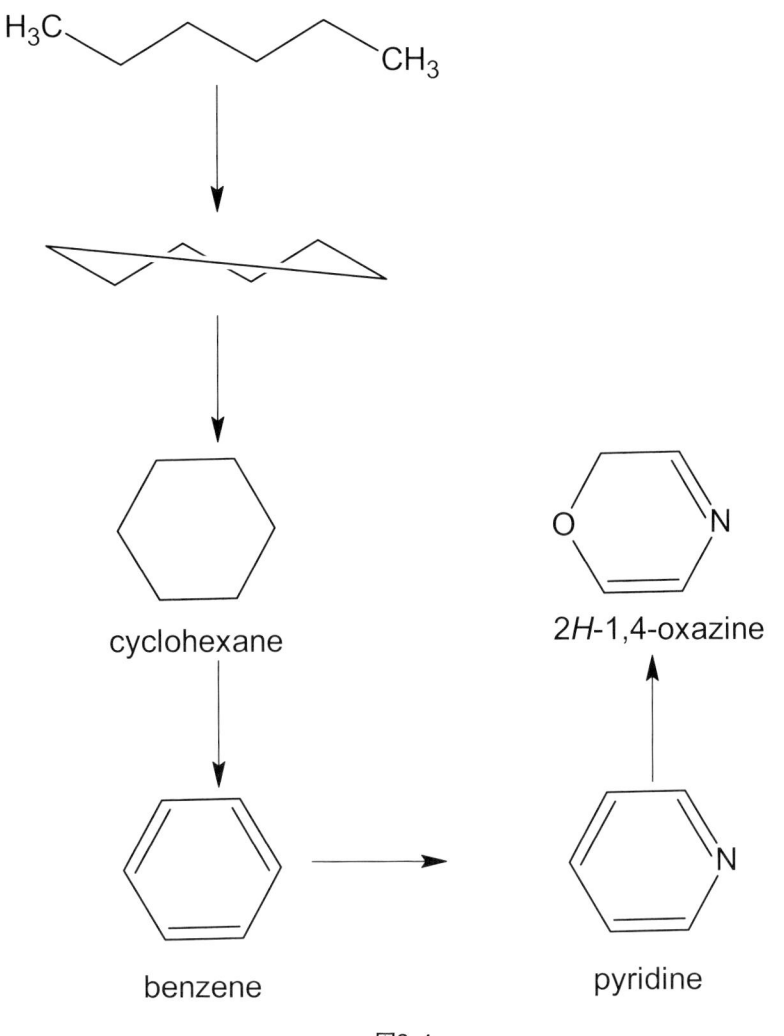

図8-4

8. 環構造を描く

9. 登録されている部分化学構造の利用

　前節では、ChemSketchの分子描画の基本操作を活用した環構造の作り方を説明しました。この操作が基本ですから、これを使えばたいていのことはできます。しかし、実際に私たちが通常お目にかかる分子の中には、頻繁に見られる環構造や官能基などの部分化学構造がたくさんあります。このように頻繁に現れる部分化学構造をいちいちその度に描くのも面倒くさいので、ChemSketchではそれらの部分化学構造をRadicals（ラジカル）という形で既に登録してあります。ユーザーはそれが登録されている表であるTable of Radicals（ラジカル表）から目的の部分化学構造をマウスで指定することで、簡単にそれらを利用できます。

　この表の名前にはRadicalsという言葉が使われていますが、これは他の構造に組み合わせるために構造の一方が切れた状態になっていることを示すもので、既に述べた電子を1個持つradical（ラジカル）とは意味が異なりますのでご注意ください。Table of Radicalsにある部分化学構造を使うと、複雑な化学構造でも短時間で、かつ見やすい形で描くことができます。

　さっそく、この機能を使って分子を描いてみましょう。

　画面の右端にあるreference toolbar（参照ツールバー）のいちばん上にあるTable of Radicalsボタン をマウスの左ボタンでクリックすると、workspaceの中央に、**図9-1**のようなTable of Radicalsのメニューが現れます。この表には、鎖状構造、環状構造、官能基、アミノ酸、そして合成化学で使う保護基（合成の過程で反応性の高い置換基を一時的に化学反応性が低くなるように修飾するための置換基）など、有機化学、薬化学そして生命科学で登場する多くの部分化学構造が用意されています。8員環を選んでみましょう。8員環のアイコンを左ボタンでクリックすると、マウスのポインタの形が小さい二つの立

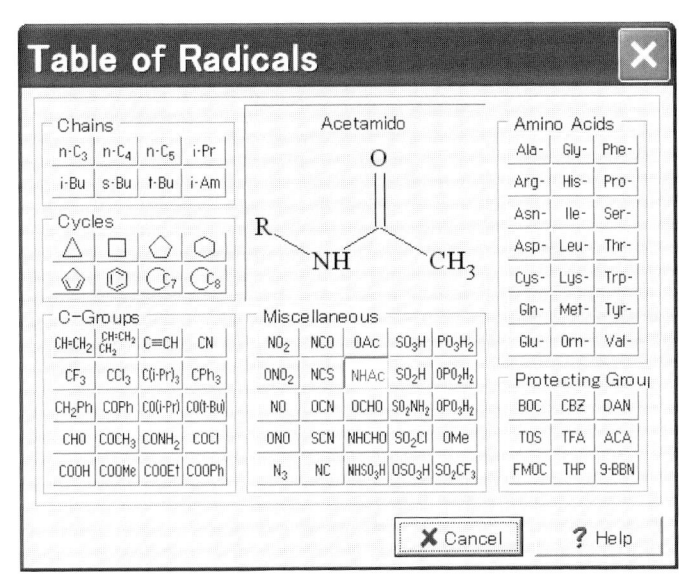

図9-1

方体に変わり、8員環の影がマウスと共に動くようになります。この状態で、workspace内で左ボタンをクリックすると、図9-2 aのように、その位置に8員環が描けます。右ボタンをクリックするまで、この選択状態は維持されます。もし8員環の一つの辺上にポインタと共に動く8員環の辺を重ねると、図9-2 bに示すように8員環が縮合した構造が作られます。このように結合を共有して複数の環がつながったものを縮合環と呼びます。

また、ポインタを描かれた8員環の頂点（つまり原子の位置）にあわせて、左ボタンをクリックすると、図9-2 cのように8員環がその原子の先にもう一つ付け加えられます。この操作を、[Shift]キーを押しながら行うと、図9-2 dのように、二つの8員環を頂点（つまり一つの原子）を共有して連結すること

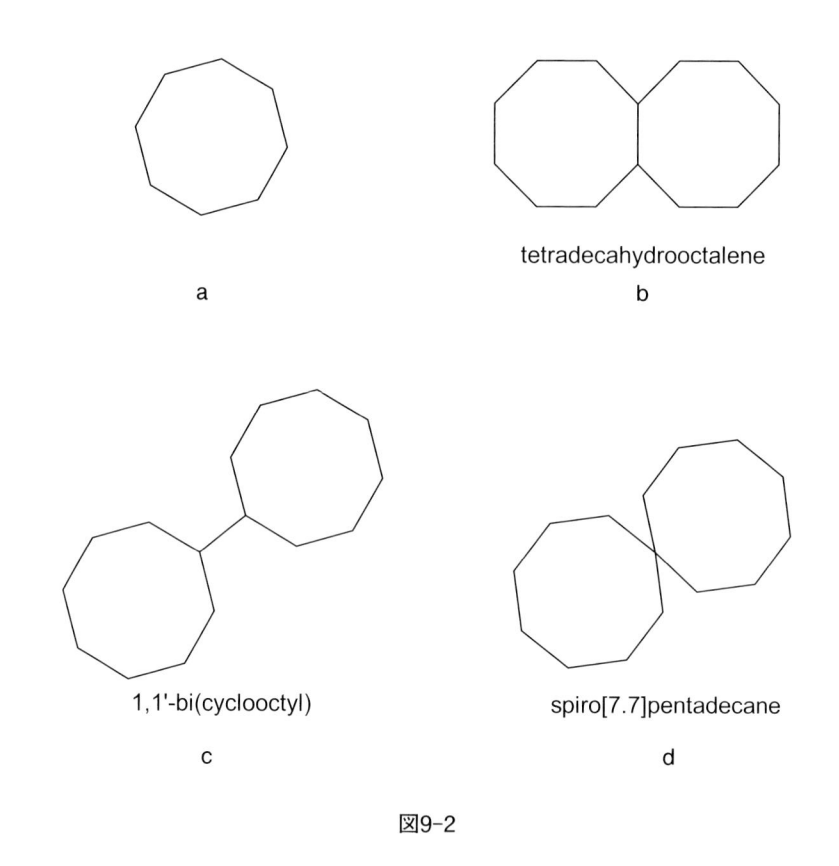

a

tetradecahydrooctalene
b

1,1'-bi(cyclooctyl)
c

spiro[7.7]pentadecane
d

図9-2

ができます。このような、頂点を共有して連結した環構造のことを一般的にspiro（スピロ）環と言います。興味のある方はここで描いた各化合物の名前を調べてみて下さい。

　図9-3 aにはacetaminophen（アセトアミノフェン）という分子を示しました。

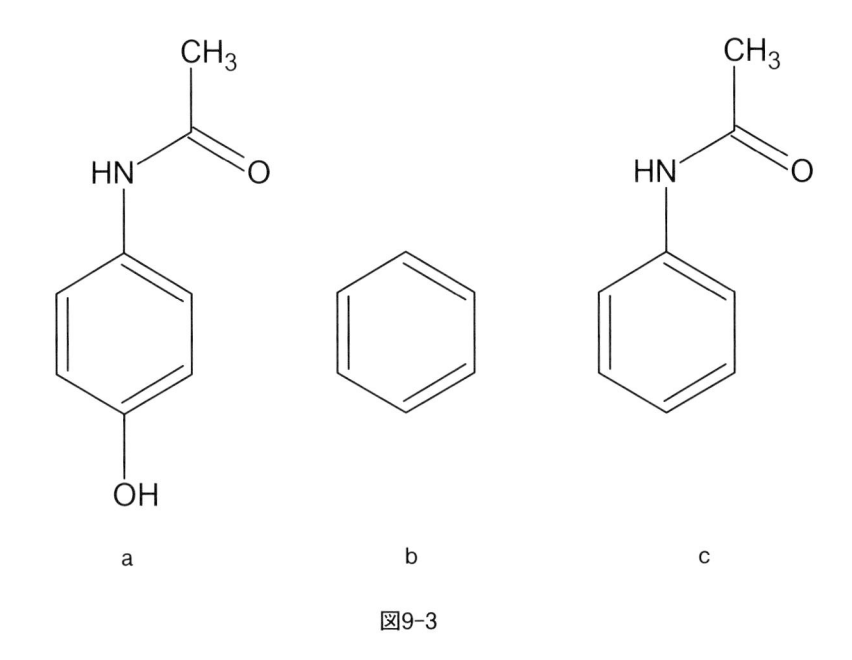

         a   b   c

図9-3

　この化合物は解熱鎮痛作用を持っており、市販されている風邪薬にも入っています。この医薬品はaspirin（アスピリン）と同じような働きを持っていますが、aspirinと異なり胃の調子をあまり悪くしないのが特徴です。この医薬品の化学構造をTable of Radicalsにある部分化学構造を用いて作成してみましょう。

　まずbenzene環を作ります（図9-3 b）。次に「Miscellaneous」（種々雑多という意味）というところの「NHAc」を選択し、benzene環のいちばん上のC原子に結合させます（図9-3 c）。この時、[Tab]キーを押すとNHAcの向きが変わります。最後に、atoms toolbarで O を選択し、structure toolbarのDraw Chainsモード をONにして、OHをいちばん下のC原子に結合させます。これで出来上がりです。簡単でしょう？　{movie:acetaminophen}

9. 登録されている部分化学構造の利用　53

もう一つ、これは薬ではなく幻覚剤のひとつLSD（lysergic acid diethylamide：リゼルグ酸ジエチルアミド）を描いてみましょう。この分子の構造は図9-4 hです。第一に、「Benzene」をTable of Radicalsから選択し、描きます（図9-4 a）。第二に、「Cyclohexane」（シクロヘキサン）（C原子からなる6員環）を選択し、benzene環の右下そしてその横に縮環させます（図9-4 b）。第三に、「Cyclopentane」（5員環）を選択し、図9-4 cの位置に縮環させます。この時、5員環を結合させた一つのC原子にチェック（×）がつきます。これはこのC原子が一時的に5価になったことを示しますが、この問題はすぐ解決できます。

　第四に、structure toolbarのSelect/Moveボタン をONにします。この状態で、5員環の右下の原子をマウスの左ボタンを押しながら、隣り合う6員環のC原子のところまでドラッグします。図9-4 dのようになるようにして下さい。5員環が少し歪みますが、しばらくの間です。第五に、Table of Radicalsの「C-Groups」から「$CONH_2$」を選択して、置換するC原子上で左マウス・ボタンをクリックして、付けます（図9-4 e）。第六に、これまで習った方法で、N原子への置換、および五つのmethyl（メチル）基を結合させ、さらに二重結合を加えます（図9-4 f）。

　第七に、環が歪んでいるので、これを修正するために、Clean Structure を施します。この操作で5員環はきれいになりますが、分子が大きく回転してしまいます（図9-4 g）。

　最後に、分子の向きを変えます。まず分子全体を選択しておき、structure toolbarのFlip Top to Bottom（上下回転） をクリックします。分子は上下が回転しましたが、まだ何となく見にくい状態です。そこで、structure toolbarのSet Bond Vertically（結合を垂直にする）機能 をONにし、分子全体を選択して、いちばん上にあるN－C結合を左ボタンでクリックすると、希望の最後の構造が描けます（図9-4 h）。最後の操作は分子を選択した状態で、structure toolbarのSelect/Rotate/Resizeボタン を押して、回転を示すアイ

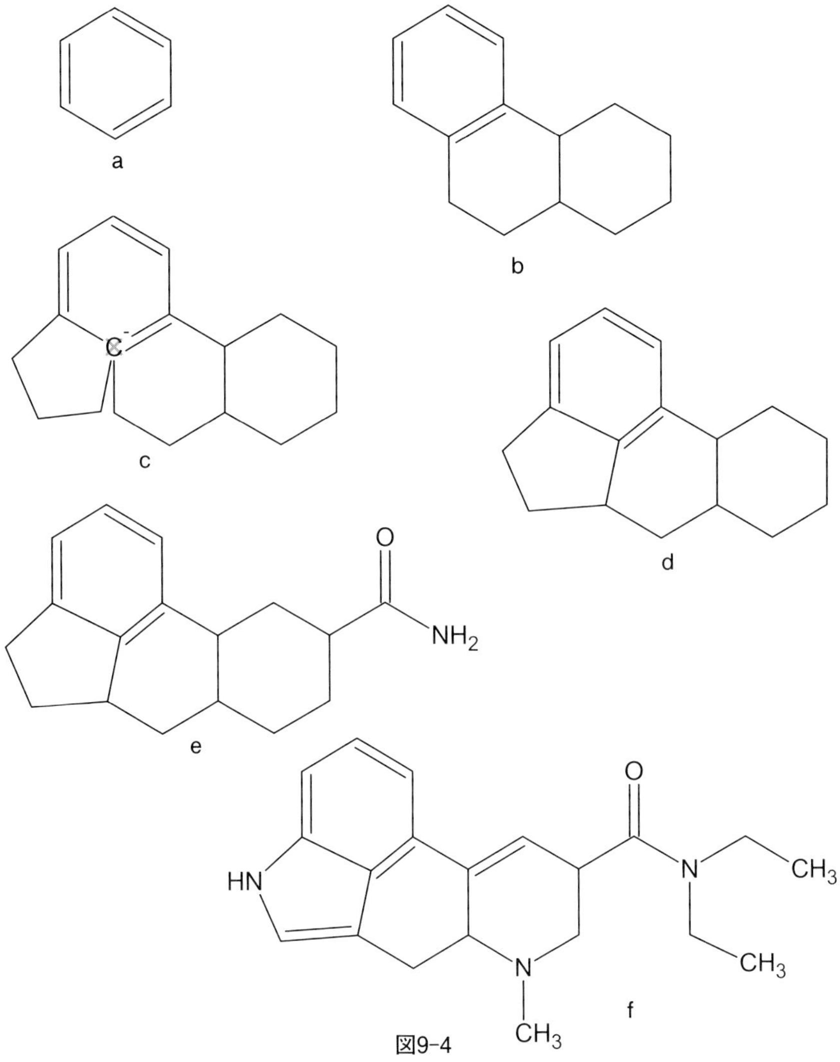

図9-4

9. 登録されている部分化学構造の利用　55

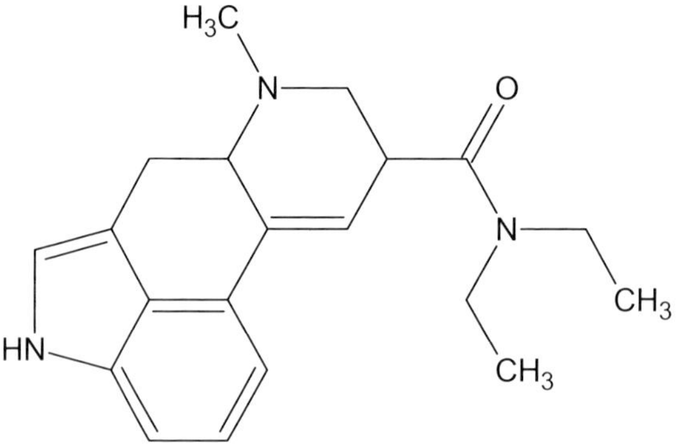

図9-4

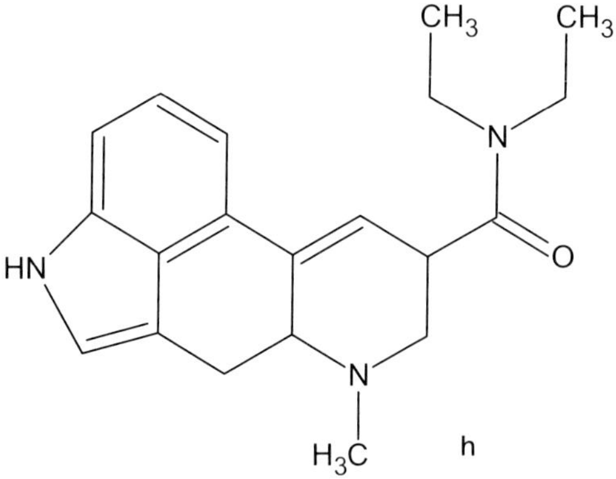

コンが表示されたところで、左ボタンで構造式を回転して目的の位置を決めることでも可能です。しかし、このやり方ですと、回転角を微妙にコントロールできる長所もあるのですが、逆になかなか調節が難しいという欠点もあります。特定の結合を画面に垂直ないし水平にする場合には、structure toolbarのSet Bond Vertically またはSet Bond Horizontally（結合を水平にする）機能 を使う方が便利です ｛movie:LSD｝。

10. 分子の立体構造を平面上に表現する

　もともと分子は立体的なものであり、私たちが紙の上で分子構造を表現するためには工夫が必要です。最近ではコンピュータ・グラフィックスが簡単に使えるようになったので、立体構造をそのままグラフィックスとして表現すればよいと思われる方も少なくないと思います。実際、コンピュータ・グラフィックスは化学の世界でも多用されています。しかし分子を立体的に表示すると、別の不都合も出てきます。立体構造を一方向から見ることになり、どうしても原子や結合に重なりが出てしまい、分子の化学構造全体が見え難くなります。複数の視点から見た立体構造を用いれば、何とかこの欠点は補えますが、一つの分子に対して複数の構造を同時に見るという非常に大きな不便が付きまといます。

　化学者はこのような欠点を補うために、いろいろな工夫をしながら、平面上に立体構造を表現する方法を開発してきました。言語は、表現する対象や文化の変化に対応するように変化してきましたが、化学構造式の表現方法も同じように進化してきました。現在使われている表現方法は、一応の完成を見ていますが、今後の化学の発展や新しい概念の出現によって、より使いやすく、また厳密性も高い表現方法に改良されていく可能性は十分あります。

　methane分子の1個のC原子には4個のH原子が結合しています。図10-1のようにmethane分子を描くと、5個の原子は一つの平面上に載っているように見えるかも知れません。しかし、実際はmethane分子は平面的ではなく、図10-2に示すように立体的な構造を取っていま

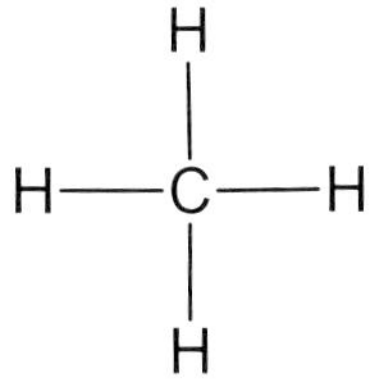

図10-1

図10-2　　　　　　　　　　　図10-3

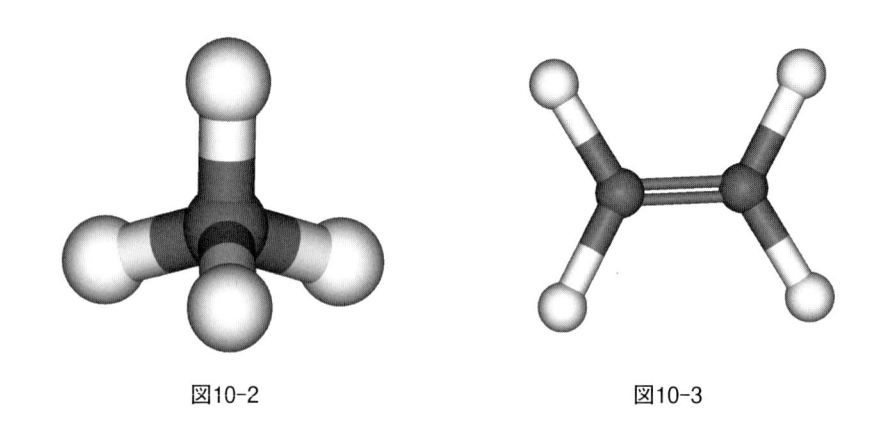

す。この図では中央のC原子とその上にあるH原子はこの紙面上に載っています。それに対して右および左のH原子は紙面より奥にあります。C原子の下に描いてあるH原子は、紙面の手前にあります。分子構造が立体的に描かれているので、このことは文字で丁寧に説明するより、図を見ていただければお分かりになると思います。このように、methane分子では、4個のH原子がちょうど正四面体の4個の頂点にあり、C原子は正四面体の中心に位置していることになります。methane分子のC原子は正四面体型をとっていると言います。

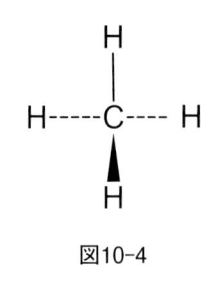

これに対して、ethylene分子は**図10-3**に示すように、全く平面的な立体構造をとっています。それでは、図10-1のmethane分子をどのように表現すれば立体感が出せるでしょうか。

化学者は、実線、破線そして太い楔形の線を使い分けて結合を表すことにしました。**図10-4**に、この方法で、図10-2に対応するように描いたmethane分子を示します。紙面に載っている結合

図10-4

を実線で、紙面の向こう側に伸びる結合を破線で、紙面の手前に来る結合を楔形の線で表すと、何となくこの分子が立体的に見えないでしょうか？　化学者の苦肉の策というと大げさかも知れませんが、簡単でなかなか役に立つ方法です。この表示法に慣れると、分子を見た瞬間に図10-2が想像できるようになります。

　破線や楔形の表現にはいくつかの方法が使われています。残念ながら、あまり統一されているとは言えませんので、教科書によって書き方が少しずつ違っていることがあります。ただ図10-4に示すように、それらは容易に想像できるので、大きな混乱はありません。とはいうものの、いつも同じ描き方をするように習慣づけるとよいでしょう。図10-4では、楔形の太線と破線を用いて、手前と奥の原子を区別しましたが、C原子が四面体構造をとることを考慮すると、どちらか一つを表現すれば、3本の結合がどのような向きになっているかは決まります。難しいことではありませんので、作図して考えてみてくださ

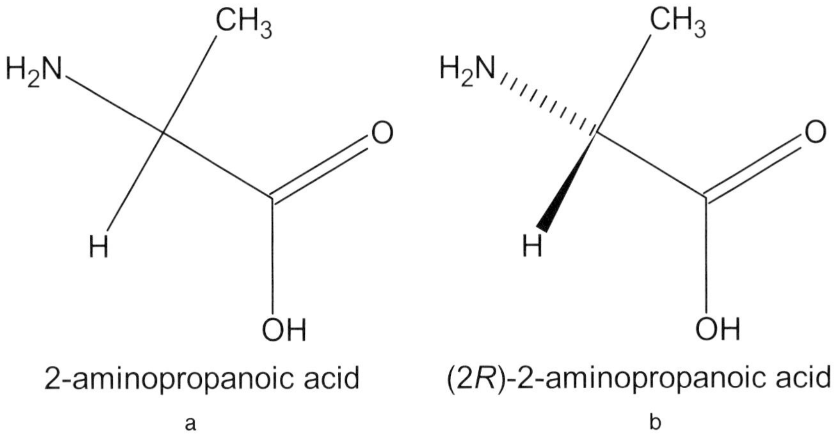

2-aminopropanoic acid
a

(2R)-2-aminopropanoic acid
b

図10-5

図10-5

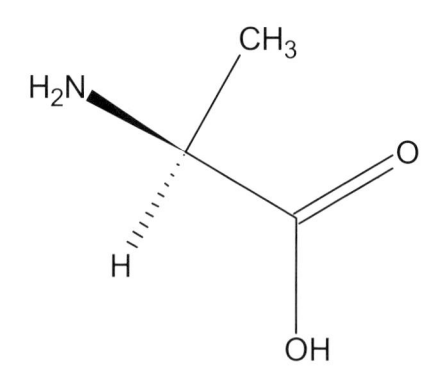

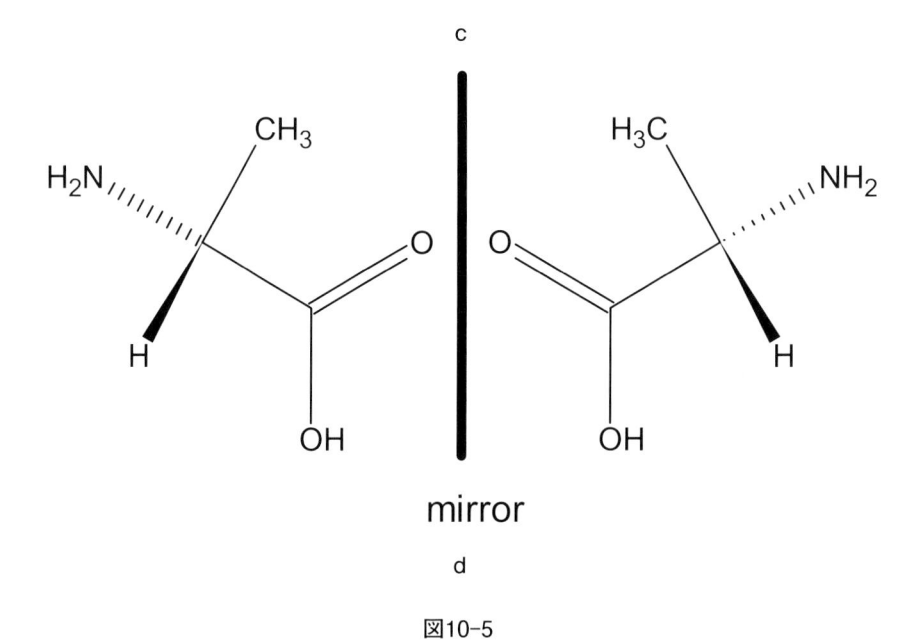

い。しかし、楔形の太線と破線の両方を描いてあると、立体感が高まり、理解しやすいので、両方を描くことが多いようです。

いま、**図10-5**の分子について、その立体構造を考えてみます。この分子はalanine（アラニン）というアミノ酸の一種です。aに示した構造では、amino基（-NH$_2$：アミノ基）、methyl基（-CH$_3$：メチル基）そしてcarboxyl基（-COOH：カルボキシル基）が結合したC原子について考えると、どの置換基が手前にあり、どれが奥にあるのか分かりません。そこでこのC原子について考えてみましょう。まずbのようにH原子が紙面の手前にあり、N原子が向こう側にある場合を考えます。次にcのようにH原子が紙面の向こうにあり、N原子が手前にある場合を考えます。b分子は、そのままでは絶対にc分子とは重なりません。b分子を鏡に映してできる分子とc分子は重なることができます（図10-5 d）。b分子とc分子のような関係を鏡像異性体と言います。または「bおよびc分子は光学異性体である」という言い方もします。c分子はL-alanineと呼ばれ、b分子はD-alanineと呼ばれます。

これらの分子はそれを構成する原子の種類も数も、そして結合の仕方も全く同じですが、一方を鏡に映した構造しか他方と一致しないという特別な関係になっています。こうした関係の分子は、私たちの体に対しては全く違う働きをすることが知られています。正に「似て非なる」分子と言えます。L-alanineは私たちの体を構成する重要なアミノ酸の一つですが、D-alanineは私たちにとっては全く役に立たない分子です。L-alanineのように、その鏡像体と異なる分子のことを、光学活性分子と呼びます。

生物の体を構成しているたいていの分子は、光学活性分子です。つまり、鏡像関係にあるどちらかの分子のみが生物の体を作っています。アミノ酸について言えば、私たちの体を構成しているアミノ酸はすべてL型の光学活性アミノ酸で、その鏡像体であるD型アミノ酸は一切使われていません。もっとも、微生物のような下等な生物ではD型アミノ酸を利用するものもいます。なぜD型

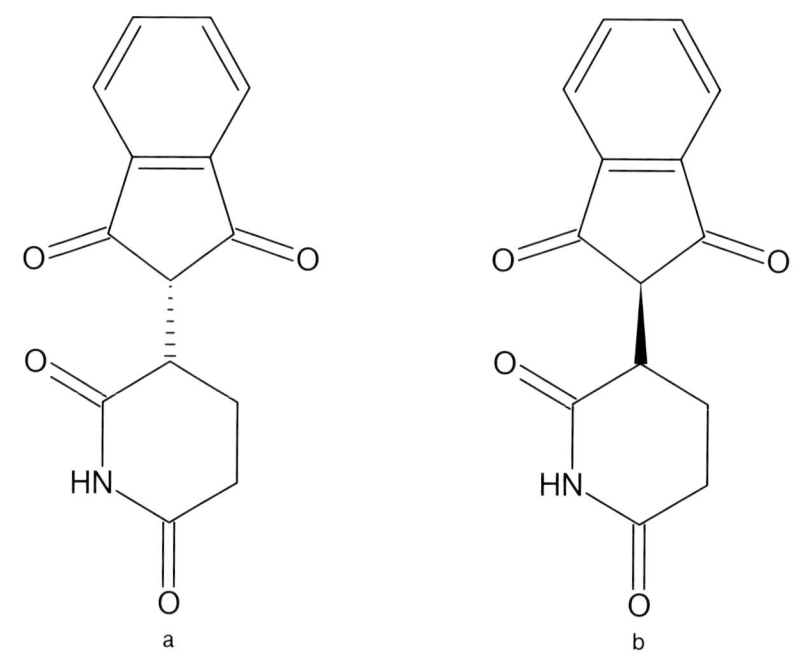

図10-6

のアミノ酸を人間は使えないのか。この不思議な事実に対する答えはまだ出ていません。科学が進歩したとは言え、このような基本的な事実についてはよく分かっていないことが多いものです。別な言い方をすれば、科学は進歩して、「どのように？（how）」という質問についてはかなり答えられるようになってきていますが、「なぜ？（why）」という質問に答えるのはかなり難しいことが多いのです。

　この節の最後にもう一つ光学活性分子の有名な（むしろ悪名高き）例を示します。thalidomide（サリドマイド）という医薬品は1960年代の前半に、穏や

かな鎮静剤として使用されました。特に妊婦のつわり止めとして多く使用されました。しかし販売されてから、この医薬品とある種の奇形児の誕生との間に深い相関関係のあることが指摘されました。**図10-6**に示すように、thalidomideには実は二つの光学異性体があり得ますが、当時は、これらの混合物でこの医薬品は販売されていました。その後の研究で、a分子には催奇形性があり、b分子にはないことが分かりました。つまり二つの光学異性体（鏡像異性体）は私たちの体に異なる作用を示したわけです。

　このように光学異性体は異なる作用をするため、現在では医薬品を認可する際には、これに関して厳しくチェックされています。光学異性体の混合物のことをラセミ体と言いますが、現在でも一部の医薬品はラセミ体として使用されています。両方の光学異性体が全く同じ作用を示すことはないので、望ましいことではないと思います。生物に対して光学異性体が一般に異なる作用を持つのは、そうした化合物が作用する相手の分子は蛋白質や核酸であり、これらの分子もまた光学異性体であるからです。非常に単純に言ってしまうと、右手と右手で握手はできますが、右手と左手では握手ができないことに似ています。右手と左手の例えは、光学異性体を表現する上で非常に便利なのでよく使われます。どのような手になっているかを「手系(handedness)」という言葉で呼ぶこともあります。数学や物理で3次元の座標系を設定する時も、右手系と左手系の座標系は区別されますが、それと全く同じことです {movie:thalidomide}。

11. 光学異性体を名前で区別する

　ここで光学異性体はどのように名前で区別されるかについて簡単に述べたいと思います。化学にあまり馴染みがなく、この話を初めて聞く読者はこの節は飛ばしてしまって、後で読んで下さっても結構です。
　光学異性体の名前の使い方には、現在でもちょっとした混乱があります。何でもそうですが、ある程度事実が分かってこないと、系統的にその事実を表現する方法が見出せません。でも、その間どうしてもある種の区別をしなければいけないので、暫定的な呼び名を使わなければなりません。系統的な名前の付け方ができても、長い間使ってきた名前には愛着があり、またそれに基づいて決めたこともあると、古い呼び方も捨てがたく、したがって複数の名前が同居してしまうことも珍しくありません。尺貫法からメートル法への移行などもこのような例でしょう。論より証拠で、光学異性体の名前の例についてお話しします。
　その分子が右手系か左手系かを実験的に決定することが可能であることを示したのは、J.M.Bijvoet（バイフットと発音します）でした。光学活性体は光学異性体を持ちますが、その原因を作っているのは、ある原子に結合した複数の原子の配置でしたね。この配置のことを絶対立体配置と言います。光学活性体の絶対立体配置には差があるが、光学活性でない分子の絶対立体配置には差がありません。例えば、methane分子はその鏡像体と全く同じものですから、methane分子に絶対立体配置というものを考える意味がありません。しかし、L-alanineとD-alanineの絶対立体配置は異なることになります。Bijvoetは、X線解析という手法を使えば、光学活性分子の絶対立体配置を決定できることを示しました。具体的には、1951年に、彼は (R,R)-tartaric acid（(R,R) -酒石酸）という光学活性な分子の絶対立体配置を**図11-1**のように決定し、このこ

とを証明しました。

　しかし、Bijvoetによる決定から遡ること10年前、1941年に国際的な生化学会の組織が、それまでに明らかにされていた事実を基に、アミノ酸の一種serine（セリン）の一方の光学異性体（私たちの体の中で活用できる異性体）をL型と暫定的に定め、その鏡像体をD型と定めました。そしてこれを基準に、それまでに知られていたアミノ酸や糖の光学異性を相対的に決め、それらをDとLの記号で表すことにしました。この時代には実験的に絶対立体配置を決められませんでしたから、L型と定めた絶対立体配置が本当にその構造を取っているかの保障は全くなかったわけです。扱っている分子の構造がもしかするとその鏡像体であるかも知れないという不安があったので、この問題は有機化学者や生化学者にとって、非常に重要かつ歯切れの悪い問題でした。1941年にたまたまL型として考えた絶対立体配置は、全く偶然にその10年後にX線解析で決定されたものと一致しました。もしそうでなかったら、世界中の関連する本に現れる名前を変更しなければならなかったのです。

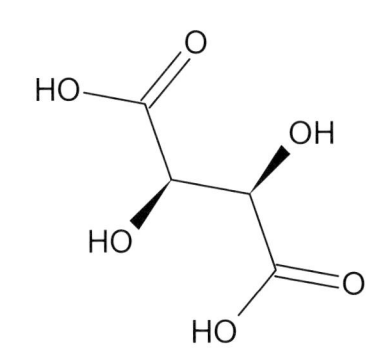

　LとDによる絶対立体配置の表示法は、あくまでアミノ酸の光学異性を表現するために考案された方法で、アミノ酸や糖の絶対立体配置を表現するのには便利でしたが、これらの分子との関連性が全くない他の光学活性分子について適用することは困難です。そこで、より一般的に絶対立体配置を表現する方法として考案されたのがR/S表示法です。この表示法は1974年にIUPACの規則

として採用されました。現在では、化学の分野では専らこの方法が用いられています。この方法について簡単に説明しましょう。

　絶対立体配置が生じるのは、C原子に4個の異なる原子（原子団）が結合した場合です。このようなC原子を特に不斉炭素原子と呼びます。この4個の異なる原子（原子団）にまず順位付けをします。非常に単純な場合を図11-2に示します。この分子（図11-2 a）ではmethaneの3個のH原子がF、ClおよびBr原子で置き換わっています。R/S表示法では基本的に原子番号の大きい順でこれらの原子の順序付けをします。この場合は単純ですので、H＜F＜Cl＜Brになります。次に、最も原子番号の小さいH原子を最も遠くに見るように配置します（図11-2 b）。この時、残りの3個の原子を原子番号の大きい順で並べる方法は、時計回り（右回り）と反時計回り（左回り）の二通りしかありません。図11-2 bのように、時計回り（Br→Cl→F）になる場合、このC原子の絶対立体配置は（R）と呼びます。それに対して図11-2 cのように反時計回りになる場合を、（S）と呼びます。この方法を用いると、分子内に二つ以上の不斉炭素原子があっても、機械的にそれらの絶対立体配置を決めることができるので便利です。RとSは必ず括弧で囲むことになっています。

　ChemSketchには簡易型の命名機能がついていますが、これで命名するとR/S表示法での絶対立体配置を簡単に知ることができるので便利です。L-alanineとD-alanineについてこの命名機能を使って名前を付けてみてください。

　次に、やはり私たちのタンパク質を形作る上で重要なアミノ酸であるL-threonine（スレオニン）とD-threonineの構造を描き、その名前も調べてみましょう。threonineは生化学の教科書の多くで、無造作に図11-3 aのように書かれていることがありますが、この構造ではL-threonineを特定していません。つまりLかDか分かりません。この構造式をもう一度よく見て、不斉炭素原子がいくつあるか考えてください。二つあることが分かりましたか？　したがって、図11-3 aの構造式では、合計4種類の光学異性体の構造を表している

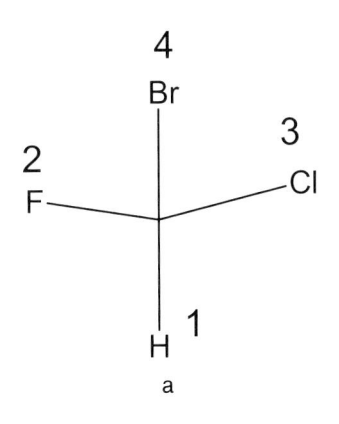

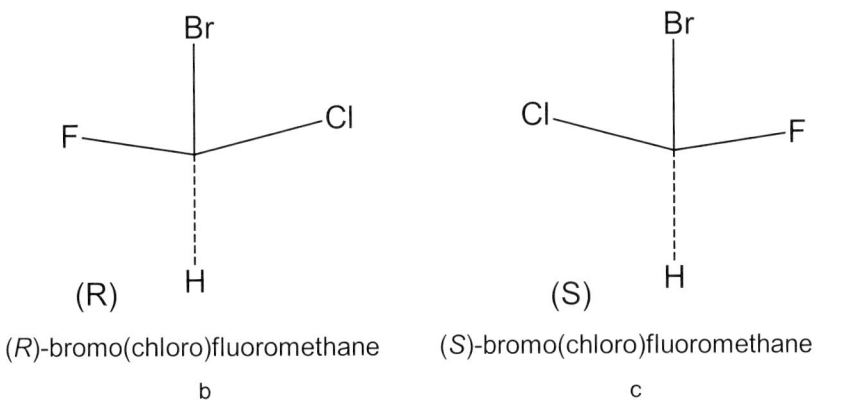

図11-2

ことになります。それらの構造式をすべて図11-3 bから図11-3 eに示しました。

L-threonineの構造式はbに示すもので、D-threonineはその全く鏡像体であるcになります。dおよびeの構造式も、L-threonineやD-threonineと全く同じ

11. 光学異性体を名前で区別する　67

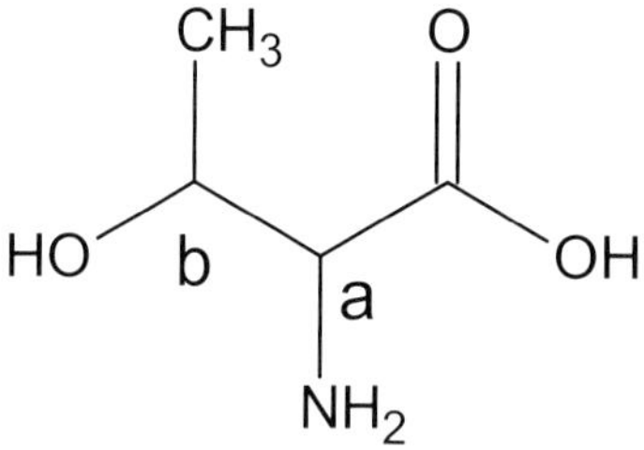

a

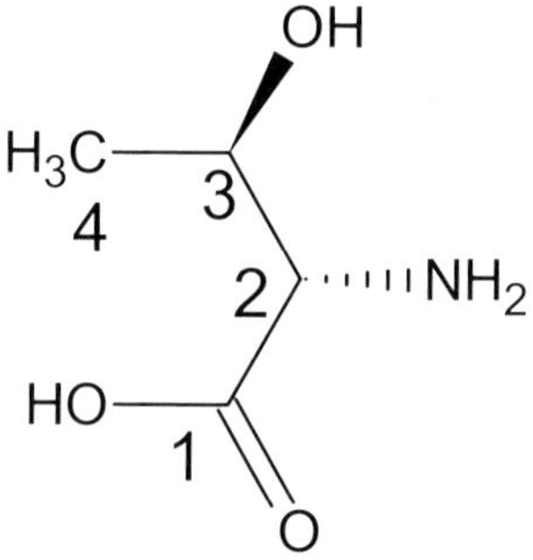

L-threonine
b

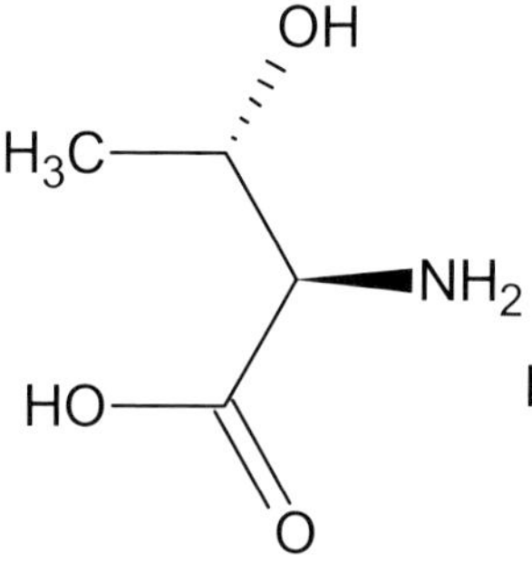

D-threonine
c

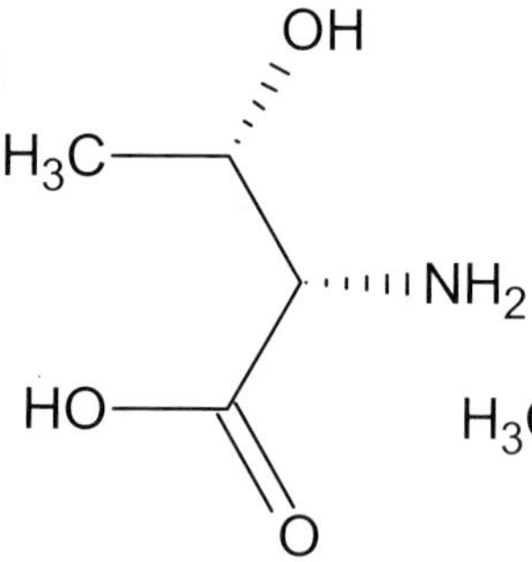

d

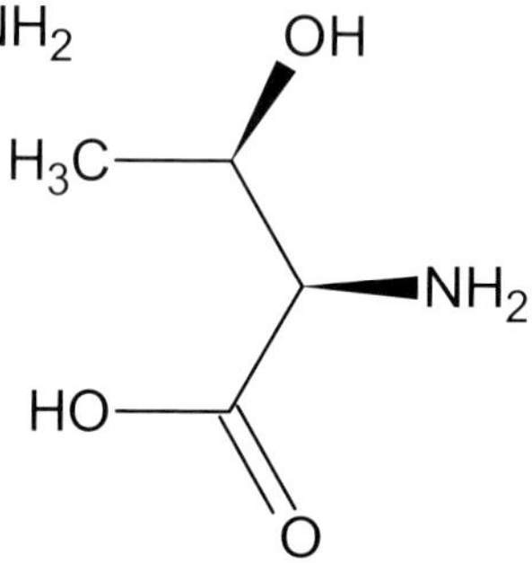

e

図11-3

分子式（molecular formula）をとりますが、threonineという時には通常これらの分子を指すことはありません。図11-3 aの構造式では、いかに不十分かがお分かりと思います。くどい言い方になりますが、それでも多くの化学や生化学の教科書では図11-3 aの構造式でL-threonineを表しています。その場合、私たちは間違いなく図11-3 bの構造を思い浮かべる必要があるのです。

　ChemSketchの命名機能を用いてL-threonineとD-threonineの名前を付けてみましょう。やり方は既に述べましたが、実に簡単で、各分子を選択し、menu barの [Tools] から [Generate Name from Structure] を指定するか、general toolbarから[🔡]を選択すればできます。L-threonineのIUPAC名は (2S,3R) -2-amino-3-hydroxybutanoic acidになり、D-threonineの名前は (2R,3S) -2-amino-3-hydroxybutanoic acidになります。基本構造にはbutane（ブタン）のcarboxylic acidであるbutanoic acid（ブタン酸）を取ります。C原子の番号付けはcarboxylic acidのC原子を１番にして４番まで番号を振ります。２番目のC原子（これを２位と呼びます）にはamino基が結合していますので、2-aminoになります。また３位にはhydroxy基が結合しているので3-hydroxybutanoic acidとなります。2-aminobutanoic acidとしないのは、N原子よりO原子の原子番号の方が大きいので、こちらを優先するためです。最後に、L-threonineでは２位および３位のC原子の絶対立体配置がそれぞれ(S)および(R)であるので、全部で (2S,3R) -2-amino-3-hydroxybutanoic acidになるわけです。D-threonineは (2S,3R) が反転して (2R,3S) となる以外は、全くL-threonineと同じになります。他の二つの光学異性体についても名前を付けてみて下さい。ChemSketchを使えば、非常に簡単にその分子の名前を知ることができます。

　以上のようにR/S表示法を使えば、光学異性体の名前を付けることができるので、LやDなどの古臭い命名法は廃止すればよい、と思われるかも知れません。しかし、ここが難しいところです。私たちの体を構成している20種類のアミノ酸はD/L表示法では、当然すべてLになります。threonineで見たよう

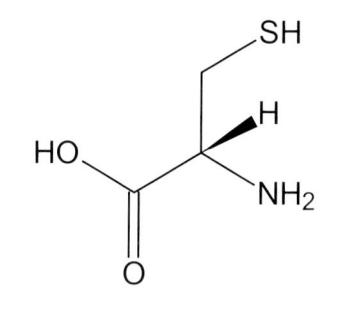

に、R/S表示法では2位の絶対立体配置は（S）になります。そしてそれ以外の18種類のアミノ酸でも(S)になります。ところが、L-cysteine（システイン）というアミノ酸では（R）になってしまいます。L-cysteineの構造を**図11-4**に示します。この一つの例外を除けば、少なくともアミノ酸については不自由はないのですが、やはり不便であるので、LとDの表記はまだほとんどの化学や生化学の本では使われています。

図11-4

　本節の最初の方で、同じ分子についていろいろな名前で呼ぶことの不自由さを強調しましたが、少なくともこのように正式名称と慣用名が同時に使われているのが現状です。正式名称は正確ですが、正確さを期するためにどうしても長くなってしまいます。また分子に対する愛着という観点からも、正式名称はよそよそしい感じがしてしまいます。友だちをいちいちフルネームで呼ぶことはないでしょう。ニックネームや略称はやはり必要なものだと思います。

12. 3D Viewerの簡単な使い方

　立体的な分子の構造をなんとか平面上に表すことで、いろいろな利点もありますが、立体構造でないと分からない点もあるのも事実です。また実際の立体構造をたくさん見ていないと、いくら工夫をしても平面構造から立体構造を想像することは困難です。化学構造に慣れるには、たくさんの構造を見ることが重要です。

　これは別に化学に限らず、科学全般に言えることです。科学を学ぶあるいは研究するためには、なるべくたくさんの現象に触れることです。学校の成績が優秀であってもよい科学者になれるとは限らない、ということは多くの事例が示しています。まとまった知識を持っている人が必ずしも優れた科学者とは限りません。知識を整理して見通しをよくすることは科学の使命で、とても大切なことですが、それにも増して重要なことは、より多様な現象を身をもって知り、法則性が成り立つことそして成り立たないことを体験することです。ですから科学では実験が非常に重要視されるのです。

　脱線しましたが、平面的に描いた記号としての化学構造を正しく読み取るには、その平面的な化学構造が実際にはどのような立体構造をとっているかを知っておくことが必須です。通常の教育課程では、大学の初級までは分子の化学構造を専ら平面的に表して化学を理解するようになっていて、立体的な分子像は高級な概念だと思われている節があります。しかし、これは大きな間違いで、分子は立体的であると見る方が自然であり、平面的な表記の方がむしろ高級な概念と言えます。本来は、立体的な構造を十分に知った上で、はじめて平面的な表記の意味が理解できます。

　分子の立体構造を理解するには、大きく分けて二つの方法があります。一つは分子のプラスティック・モデルを自分で組み立てる方法です。もう一つは、

コンピュータ上に3D（3次元）の分子構造を表示する方法です。プラスティック・モデルは組み立てるのに時間がかかりますが、自分の手の中で任意の方向から自由に観察できる利点があります。筆者が若い頃（35年も前になるでしょうか）には、コンピュータ・グラフィックスはありませんでしたので、分子の立体感覚は専らこの分子モデルで養ったものでした。何度も何度も分子を組み立て直したので、プラスティック・モデルの「すりあわせ」のところが磨耗してしまい、ティッシュ・ペーパーを挟んで抜けないように工夫をしたものです。筆者は、プラスティック・モデルを用いて分子の立体感覚を養うことは非常に有意義だと思っています。興味のある方は次のホームページをみて下さい（http://www.hgs-model.com/j/index.html）。

一方、コンピュータ・グラフィックスを用いる方法は非常に手軽にできることから、最近急速に広まっています。今では家庭にあるPCやノート型PCでも十分能力がありますので、分子の立体構造をコンピュータ上で操作することもかなり容易になっています。本書ではコンピュータ・グラフィックスを用いて3D構造を見ることにします。ChemSketchには嬉しいことに「3D Viewer」という3D構造を観察できるソフトウェアが付属しています。この節では、その使い方について紹介したいと思います。3D Viewerのいちばんの特徴は、ChemSketchで描いた平面状の分子の立体的な姿を見せてくれることです。単純な例から始めてみましょう。もう何度も扱ってきたmethane分子です。

まず最初に、ChemSketchのmenu barの［ACD/Labs］で［3D Viewer］をチェックして下さい。すると、図12-1のような、3D Viewerの画面に変わります。次にこの画面の左下にある［ChemSk］というボタンを押してください。もとのChemSketchの画面にもどります。ここで画面の左下に注目してください。新たに［ChemSk］、［Copy to 3D］そして［3D］というボタンが現れているはずです。これが出ていれば準備はOKです。ChemSketchのworkspaceでmethane分子を描いてみて下さい。図12-2のどの方式で描いても結構です。図

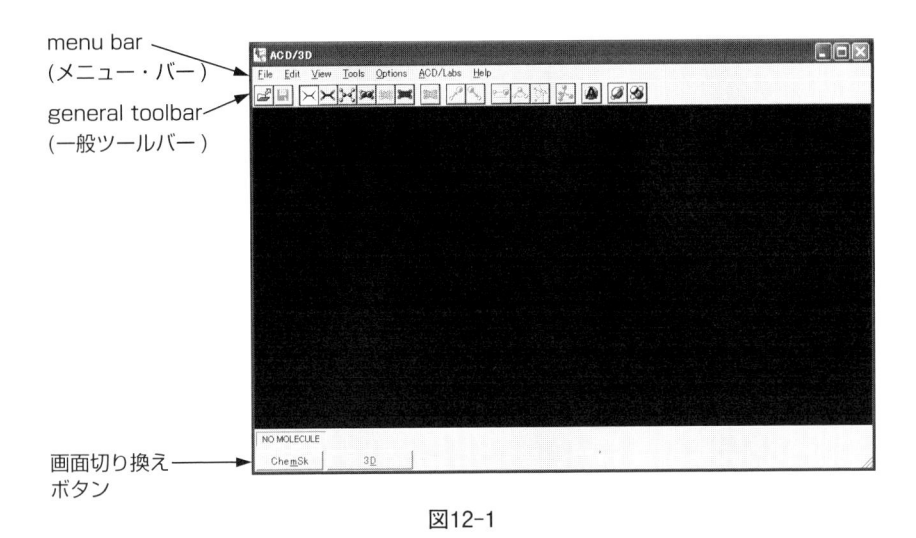

menu bar
(メニュー・バー)

general toolbar
(一般ツールバー)

画面切り換え
ボタン

図12-1

12-2のように、必ずH原子を明示的に表示する構造を描いて下さい。次にひとつの分子を選択して、[Copy to 3D] のボタンをマウスの左ボタンでクリックして下さい。画面は3D Viewerに変わり、**図12-3**のように画面中央に分子が現

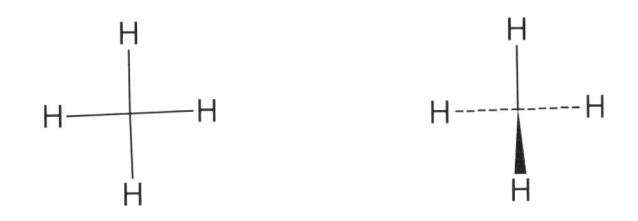

図12-2

12. 3D Viewer の簡単な使い方

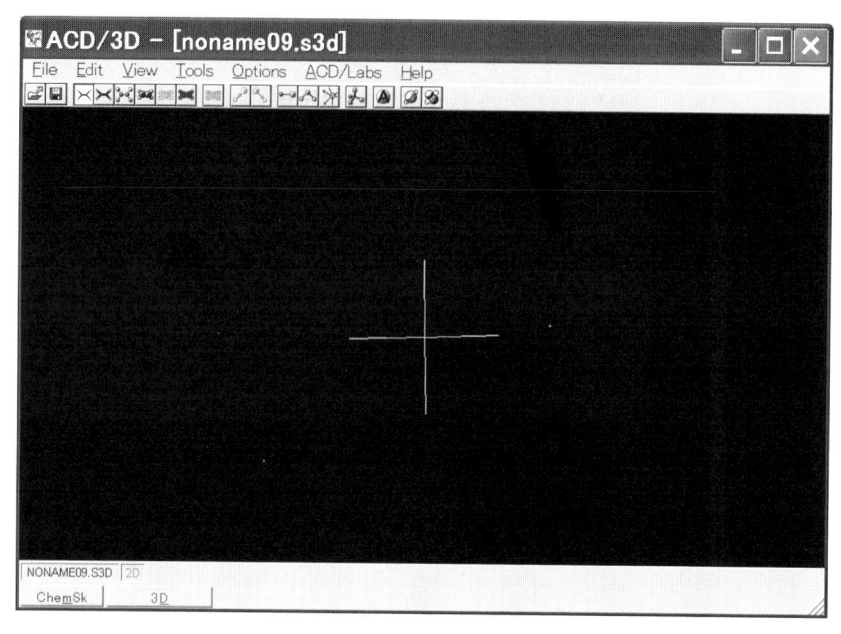

図12-3

れます。原子も線で表されるWireframeモードで表示されます。この状態では分子はまだ平面的に描かれています。

　3D Viewerのgeneral toolbarにはたくさんの機能が用意されています。まず、右端から2番目にあるAuto Rotate（自転）機能 ![icon] を使ってみましょう。マウスの左ボタンでこのスイッチをクリックするだけです。分子は様々な角度で自転して、分子の立体的な特徴を示してくれます。分子はまだ全く平面的です。ChemSketchで作成した平面分子を3D Viewerに送っただけでは、その分子は平面状になっています。自転を止めるには、もう一度同じボタンをマウスの左ボタンでクリックして下さい。次にマウスの左ボタンを押しながらマウス

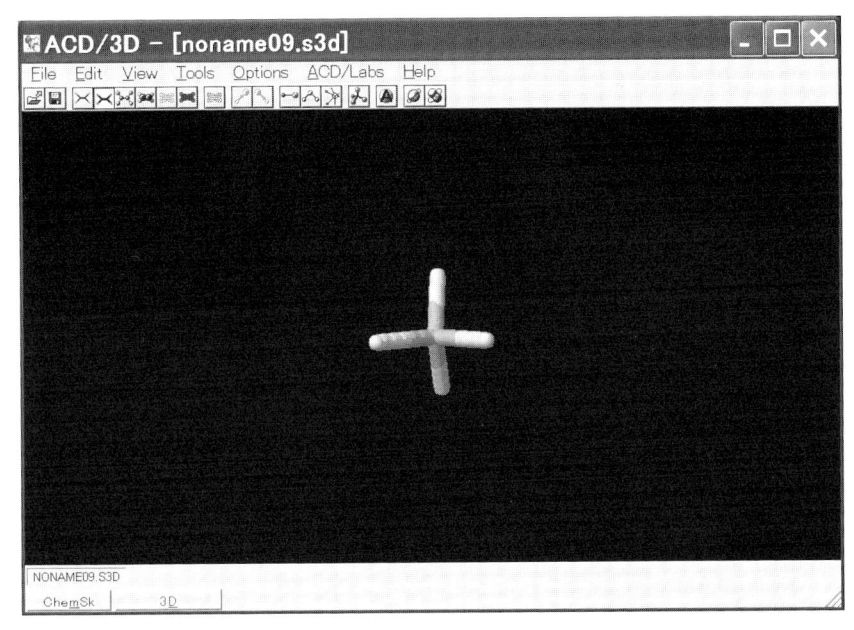

図12-4

をドラッグして下さい。マウスの動きに対応して、分子が回転することが分かると思います。分子はまだ恐ろしく平面的だと思います。

　いよいよ、この分子を3次元分子にしてみましょう。操作はとても簡単です。general toolbarの右端から4番目のアイコンである3D Optimization（3次元構造最適化）ツール をマウスの左ボタンでクリックして下さい。一瞬にして**図12-4**のようにmethane分子が立体的になります（この図では、結合を見やすくするために、結合を太い棒で示していますが、実際は線で表示されているはずです）。先ほど説明した分子回転の方法を用いて、出来上がった分子が確かに3次元的であることを確かめてみて下さい。

12. 3D Viewerの簡単な使い方　75

3D Viewerには分子を観察するいくつかの機能があります。まず分子を表現する方法が6種類用意されています。これらはgeneral toolbarにあるボタンで選ぶことができます。Wireframe ✕ は図12-5 aのように分子を針金で表します。Sticks ✕ にすると、図12-5 bのように、少し太い棒で分子を表します。原子は棒の交わったところにあると考えます。Balls and Sticks ✺ で表すと、図12-5 cのように原子が球で表されるので、原子の位置がはっきり見えます。Spacefill ✺ で表すと、図12-5 dのように、原子をずっと大きい球で表します。これらの球の半径はvan der Waals（ファン・デル・ワールス）半径と呼ばれるものです。この半径の球で原子を表現すると、分子の大きさが理解しやすくなります。Dots Only ▦ で表現すると、図12-5 eのように、描くのはSpacefillと同じvan der Waals半径の球の表面ですが、図12-5 dと異なり、球の中が透けて見えます。Spacefillモデルは分子の体積が分かる利点を持っていますが、分子の中でどの原子とどの原子がどのように結合しているかが見えない欠点も持っています。Disks ✺ の右横にあるwith Dots ▦ とBalls and Sticks ✺ を組み合わせると（同時に二つのボタンを選べます）、図12-5 fで示すように、分子の内部と分子の表面の両方を観察することが可能になります。Disks ✺ という表現法も用意されていますが、あまり見やすくありませんので、お奨めできません {movie:methane(3D)}。

　分子を3Dで表現する時に、どうしても背景の色や原子の色を変えたくなる時があります。例えばバブル・ジェット・プリンタで印刷する時には、黒のインクを節約するために背景を白くしたい場合があります。この時は、menu barの中から［Options］を選び、その中の［Colors...］を指定します。general toolbarから色指定機能 Ⓐ を選択しても構いません。すると、図12-6に示すような設定メニューが示されます。［Background］は背景の色です。標準ではBlack（黒）に設定されています。8色用意されていますので、たいていの用途に間に合うでしょう。［Selection］は選択した部分の色を変えるための色で

図12-5

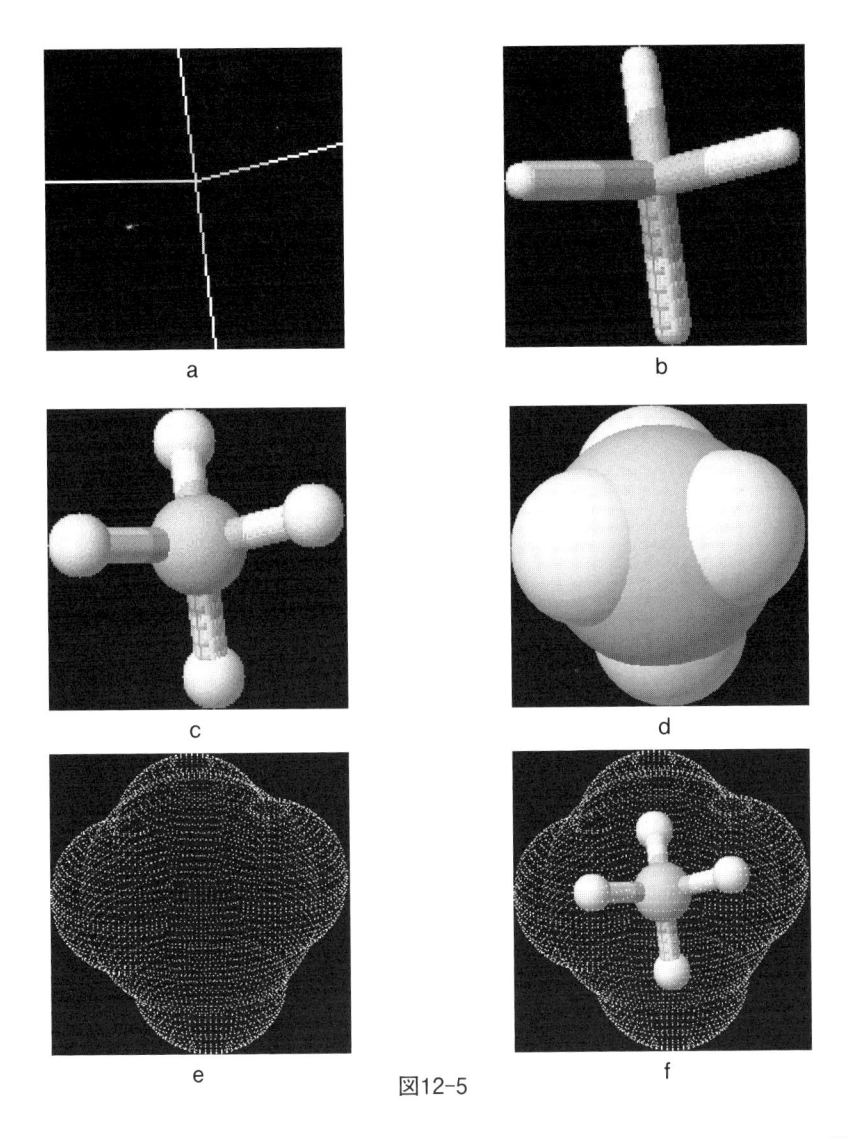

12. 3D Viewer の簡単な使い方   77

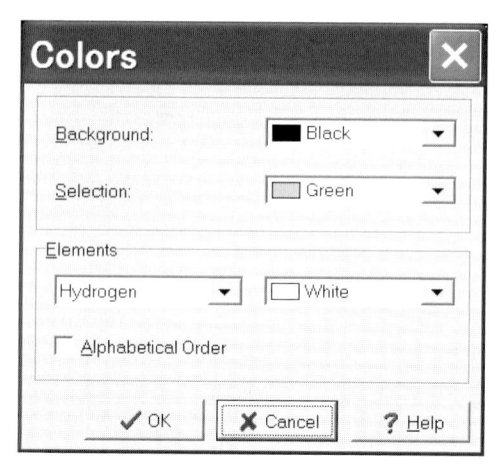

図12-6

す。標準ではGreen（緑）の設定になっています。[Elements]（元素）で各元素の色を指定できます。元素の順番は標準で原子番号順になっていますが、アルファベット順の方が便利な時には、[Alphabetical Order]にチェックを入れて下さい。「あいうえお順」ではありませんので、注意して下さい。元素名を英語で覚える利点は既に述べた通りです。周期表のすべての元素をここで指定できます。ただ、指定できる色は虹の色数より1色多い、8色までですので、すべてを色別に表現することは残念ながらできません。色の指定をして[OK]をチェックすれば、設定は完了です。筆者にとってC原子は水色というイメージではないので、緑にして使っています。したがって[Selection]の色はマゼンタにしています。印刷しない時には背景は黒の方が見やすいので、筆者は標準設定の黒にしています。

　3D Viewerはあくまで分子の立体構造を観察するものです。3D Optimizationを使用すると簡単に平面的な分子から立体構造を構築することができます

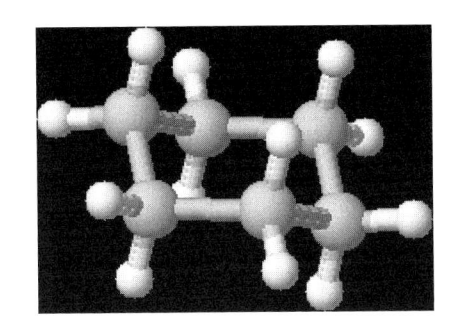

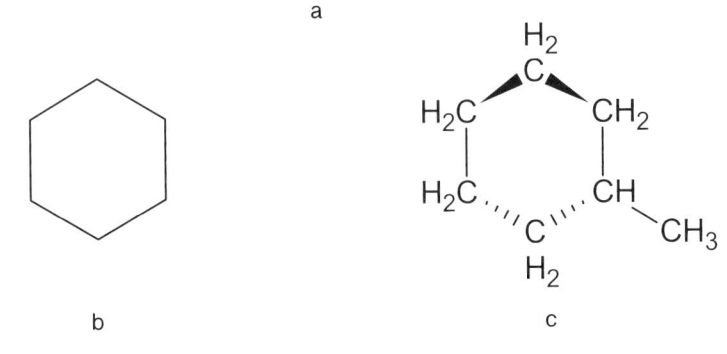

図12-7

が、この機能はあくまで簡易的な機能とお考え下さい。ChemSketchであらかじめ出来上がりの3D構造を考慮して分子を描いておかないと、間違った3D構造を作ってしまいます。シクロヘキサンは安定な状態では**図12-7** aのような立体構造をとります。ちょうど椅子のような形をしていますので、椅子型と言います。通常はテンプレートなどを用いて図12-7 bのような環を描き、3D Optimization を使用すれば、aのような立体構造が作れます {movie:cyclohexane}。

もしそのような立体構造が正しく作られない時には、図12-7 cのように明示的に立体構造を指定してから3D Optimization を使用して下さい。本来、図

12. 3D Viewer の簡単な使い方　79

12-7 aのような立体構造の方がずっと安定ですので、きちんとした計算を行えば、どのような初期構造を用いても、正しい構造になります。ChemSketchに付属している3D Viewerの機能はあくまで化学構造を描く時に補助的に使うことを目的にしています。したがって、立体構造を正しく最適化する目的には他のソフトウェアを使用する必要があります。このような計算を行う方法に分子軌道法や分子力学がありますが、本書の範囲を超えるので、ここでは述べないことにします。3D Viewerではどんな分子の立体構造も構築できるのではなく、またそれを行うソフトウェアは別にあることを理解していただければひとまずOKです。

　したがって3D Viewerは、あらかじめ立体構造が分かっている分子の立体構造情報を用いて、立体構造を観察する道具であると考えて下さい。

13. 3D Viewerで分子内の原子同士の関係を調べる

　分子の立体構造は、分子を構成する各原子の3次元座標（x,y,z）によって決まります。原子の3次元座標を決定する最も有力な方法がX線結晶解析です。多くの分子の立体構造はX線結晶解析で決定されているので、その3次元座標さえ手に入れば、その分子を3D Viewerで表示することが可能です。

　分子の3次元座標を表記する方法にはいくつか標準的なものがありますが、3D Viewerでは、座標のファイルの拡張子がmolで表される形式の座標を読むことができます。mol形式のファイルは多くのソフトウェアでも採用されていますので、3D Viewerによって多くの分子の立体構造を観察することができます。本書に添付されているCD-ROMの中の「3D model」というフォルダーに、いろいろな分子の3次元座標が入っています。すべてmol形式になっていますので、3D Viewerで観察することができます。

　cyclohexane（シクロヘキサン）分子では、すべてのC－C結合が単結合です。この分子を画面上に表示するには、3D Viewerのmenu barにある［File］から［Open...］を指定し、［ファイルの種類］をmolに指定した後、上で述べた3D modelフォルダーを開いてください。その中にある「Cyclohexane.mol」を指定して下さい。

　次に、この分子内のC－C結合の長さを測ってみましょう。結合の長さを測るには3D ViewerのCalculate Distance between 2 Atoms（2原子間の距離を計算）の機能を使います。menu barの［Tools］から［Measure Distance］を指定しても同じことが行えます。このボタンをマウスの左ボタンでクリックすると、画面の左下に小さな窓が現れ、そこに「Distance (*,*): Select 2 atoms」というメッセージが出ます。「その間の距離を測る2個の原子を指定しなさい」ということです。cyclohexaneには6個のC原子があるので、それら

を区別するために、各原子にはC1からC6までの番号がふられています。適当なC原子の上にマウスのポインタを移動し、クリックしてみて下さい。ポインタで指定されたC原子の色が変わるはずです(標準の色の設定では、水色から緑色に変わります)。もしポインタで指定したC原子がC1であれば、先ほどの左下の小窓の中が、「Distance (C1,*) =」に変わるはずです。これはC1からの距離を計算する用意ができたことを示します。次に、マウスのポインタを適当な原子の上にもっていき、その原子とC1原子との距離を確認してみて下さい。

隣にあるC6原子の上にポインタをもっていくと、この原子がやはり緑色になり、左下の小窓の内容が、「Distance (C1,C6) =1.5492A」となります。つまりC1原子とC6原子の間の結合距離は、1.5492Åであると計算されました。1Å(オングストローム)は10^{-10}メートルのことです。この距離は標準的なC－C単結合の長さです。他のC－C結合距離も同様の方法で計算することができます。この分子においては、すべてのC－H結合の距離も等しく、1.0000Åになっています。コンピュータによってはこの数字は0.9999Åあるいは1.0001Åと出るかも知れませんが、これはコンピュータによる計算の誤差です。つまりいちばん下の位の数字には1程度の差がコンピュータによっては生じます。どの桁で誤差が出てくるかは、計算に使うプログラムによっても異なります。コンピュータを使った計算で誤差が出ることに驚く方がいるかも知れませんが、これはごく当たり前のことです。この原因に興味のある読者は、コンピュータを用いた数値計算法について書かれた教科書をお読み下さい。

さて、さらに距離を計算する機能を使って互いに最も離れた二つのH原子の距離を測ってみると、4.8100Åになり、cyclohexane分子のおおよその長さが分かります。ChemSketchが計算してくる距離の値は小数点以下4桁までありますが、意味があるのは2桁までと思って下さい。後で出てくる角度やねじれ角では小数点1桁までです。

ChemSketchには距離以外に、角度とねじれ角を計算する機能もあります。まず角度について見てみましょう。計算する要領は距離の場合と全く同じです。Calculate Angle between 2 Bonds（２つの結合の角度を計算）をマウスの左ボタンでクリックすると、左下の小窓に、「BondAngle (*,*,*)：Select 3 atoms」というメッセージが出ます。3D Viewerの表示画面を小さくしていると、すべてのメッセージが表示されないかも知れません。その時にはモニター画面一杯に表示するようにしてみて下さい。後は距離で行った操作と同じ要領です。一つだけ違うのは距離の場合は、化学結合していない原子同士についても計算できましたが、角度の場合には化学結合していない原子間の角度は計算できません。cyclohexaneの例では、例えばC2－C3－C4の角度は測れても、C2－C3－C5の角度は測れません。すべてのC－C－C角が109.5°になることに注意して下さい。画面では「°」の代わりにDegと表示されます。これは英語で°を表すdegreeの略です。このようにC原子が４本の単結合で、４個の原子と結合する場合には、結合角はたいていこの値（これを四面体角と言う）をとります。
　次にねじれ角というものについて見てみましょう。ねじれ角とは４個の原子で定義される角度です。図13-1にその定義を書いてみました。この図では４個のC原子からなる分子（図13-1 a）についてのねじれ角を示しています。真ん中のC2原子をC3原子から見下ろすように４原子の配置を描き直すと、bの

C1——C2——C3——C4

a

C4　　＋
／⌒
C3——C1
(C2)

b

C4
⌒＼　－
C1——C3
(C2)

c

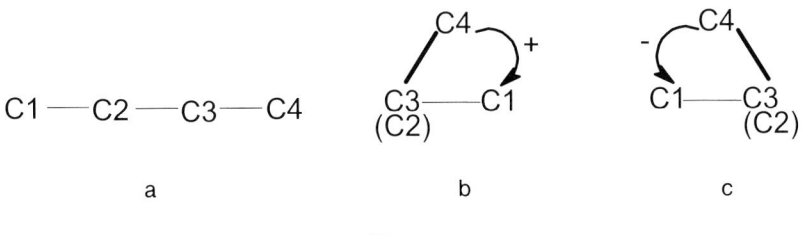

図13-1

ようになります。C2原子はC3原子の真下になるので隠れます。それを（C2）で表現します。この時、この図で最も手前にあるC4原子とC3原子の結合および最も遠くにあるC1原子とC2原子の結合のなす角をねじれ角と言います。つまり、C1原子とC4原子がC2－C3結合の周りにどの位ねじれているかを示す角度になります。C4原子からC1原子まで回る角度ですので、同じ角度であっても、例えばbとcのような区別ができます。その区別は角度の頭に付けた符号で行うことになっています。手前の原子から向こうの原子まで回転する方向が時計回りになる角度をプラス、反時計回りになる角度をマイナスの符号で表すことが現在では標準的になっています。したがってbの場合は＋60°、cの場合は－60°になります。

　ねじれ角の計算をChemSketchで行う場合には、Calculate Torsion Angle（ねじれ角を計算する）をまずマウスの左ボタンでクリックします。計算の要領は全く角度の場合と同じです。ChemSketchでのねじれ角の符号は、現在の標準とは逆になっていることに注意して下さい（古い取り方が残っています）。また結合角の場合と同様に、化学結合していない原子間のねじれ角は計算できません。cyclohexaneではすべてのC－C－C－Cねじれ角が60°になっており、その符号は交互に変わることに注意して下さい。その理由は、cyclohexaneが環であることにあります。

14. 3D Optimizationを活用して複雑な化学構造を描く

　分子は基本的に３次元の構造をとっています。クスノキの精油中に含まれる成分で、防虫剤として用いられるcamphor（ショウノウ）は図14-1 aのような構造です。camphorは、昔はカンフルと呼ばれ、強心剤としても用いられました。今でも類似化合物であるtrans-π-oxocamphorは国内で強心剤として用いられています。camphorは、６員環の対角にあるC原子が一つのC原子を介してつながっています。このような状態は架橋と呼びます。この化学構造式は、図14-1 bのように展開して表現する場合もありますが、aのように表現した方が分子の立体構造を想像できるので好まれます。この化合物の骨格部分は二つの５員環が３個の原子を共有して縮環したものと考えることもできます。このような環構造をbicyclo（ビシクロ）環と言います。

　このようなbicyclo環をaのようにある程度の立体感を持って書くのはなかなか難しいので、昔はbのような書き方をすることが一般的でした。文字の書き

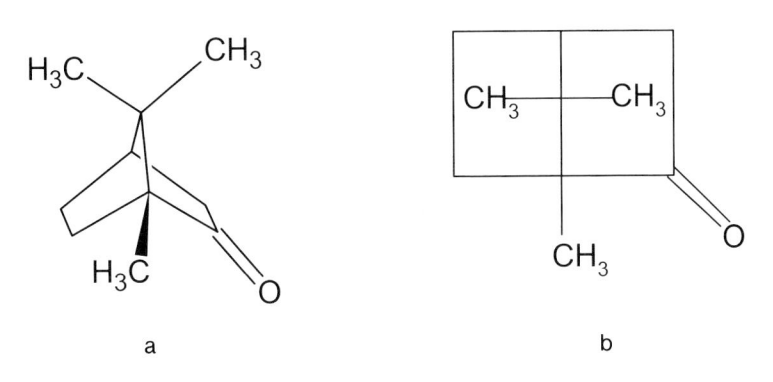

図14-1

方に上手下手があるように、化学構造式の書き方にも上手下手があります。筆者の経験では、化学構造式の書き方の下手な人は、どうも化学が苦手なようです。逆に、化学構造式を正確に速く書ける人は化学が得意のようです。既に述べましたように化学構造式には、化学的な意味がたくさん込められています。たかが記号ですが、重要な記号です。それらを可能な限り正確に書くことは、化学への理解を深めます。したがって、camphorの化学構造をaと書くかbと書くかは趣味の問題ではなく、そこには重要な質的な変化があります。ただ慣れないとaのようには書けません。

　こういう時にChemSketchは大変役立ちます。この節ではcamphorのような分子の描き方を解説します。

　まずgeneral toolbarで Structure を選択した状態にします。画面の右側にあるreference toolbarからTable of Radicals をマウスの左ボタンでクリックします。選択できる種々の部分化学構造の中から をクリックすると、workspaceにcyclohexane環が表示されます（図14-2 a）。次に のツールを用いて、5員環を付加します（図14-2 b）。この段階では、きれいな5員環でなくてもかまいません。methyl基やcarbonyl基（カルボニル基、＞C＝O）は後から描きます。次に、3D Optimizationボタン を押します。すると図14-2 cのような立体的な構造に変化します（5員環の描き方で図14-2 cのようにならない場合がありますが、気にしないで次に進みましょう）。もしH原子が表示され、図が煩雑になったら、[Tools]の中の[Remove Explicit Hydrogens]をクリックしてH原子を示さないようにします。

　この図では見にくいので、structure toolbarの中から、3D Rotation（3次元回転）機能 を選択し、ドラッグして図14-2 dのように回転します。この状態でも見にくいので、Select/Rotate/Resize（分子の選択/回転/サイズ変更）機能 を選択し、ドラッグして図14-2 eのような状態にします。最後にDraw Normal またはDraw Chains を用いて、図14-2 fを完成させます {movie:

a

b

c

d

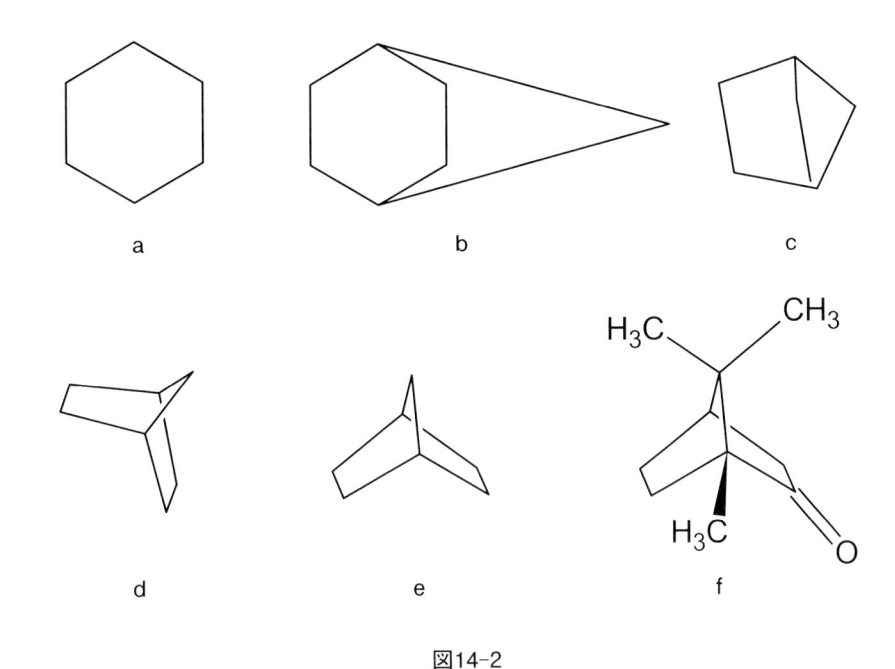

e

f

図14-2

camphor}。このように3D Optimization ✍ の機能は立体的に込みいった分子を描く時に非常に威力を発揮します。

　この機能を用いて2種類の立体的に複雑な分子の構造を描いてみましょう。まず最初はtriptycene（トリプチセン）という分子です（**図14-3**）。現在のところ実用的には注目されていない分子ですが、形が面白いので、いろいろな研究がされています。形が変わっていれば、性質も変わっているはずです。そのうち、何

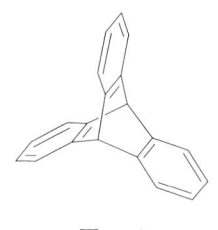

図14-3

14. 3D Optimization を活用して複雑な化学構造を描く

図14-4

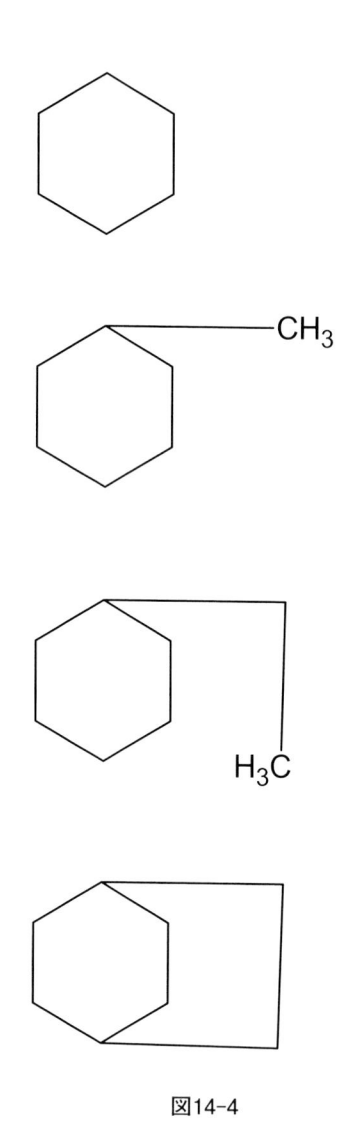

か予想もつかない応用がされるかも知れません。

「化学をする」ということは一つの「冒険」をすることです。別の言い方をすると、ゲームをする感覚さえあります。ただこの場合、主人公は自分の運命を、与えられた道具と知恵、そして何よりも重要な冒険心でストーリーを展開していくのです。他人が作ったゲームやギャンブルとは全く異なる興奮と面白みがあります。多くの研究者や技術者が研究に没頭できる理由は実に単純です。「面白くてやめられないのです」。

さて、問題のtriptyceneの描き方です。基本的な描き方は、camphorと同じです。まず、general toolbarで Structure を選択します。この状態は化学構造式を描くモードですね。第一に、画面の右側にあるreference toolbarのTable of Radicals をマウスの左ボタンでクリックします。その中の をクリックすると、workspaceにcyclohexane環が表示されます。次に のツールを用いて**図14-4**の手続きで、図を完成させます。camphorの時に5員環を描きましたが、今度はその部分が6員環であるだけの違いです。

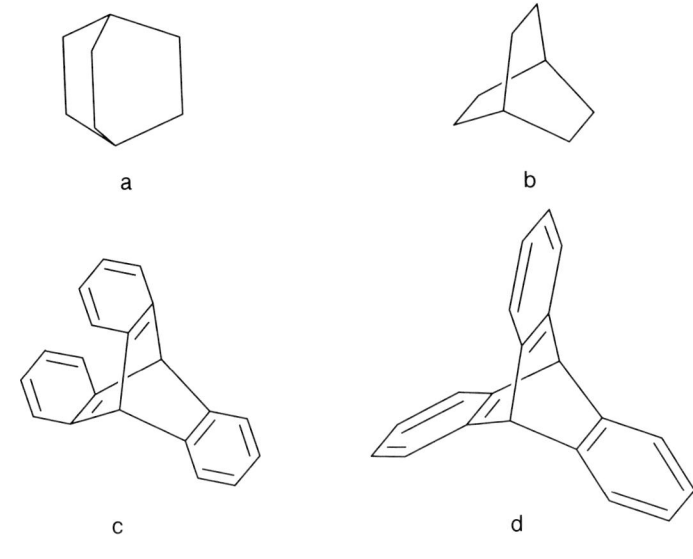

図14-5

この図のように多少線が曲がってしまっても気にしないで下さい。下端の図が描けたら、3D Optimizationボタン を押します。すると**図14-5 a**のような立体的な構造に変化します。もしH原子が表示されたら、camphorの時と同じような処置をして下さい。この図のままだと見にくいので、structure toolbarの3D Rotation（3次元回転）機能 とSelect/Rotate/Resize（分子の選択/回転/サイズ変更）機能 を選択して、図14-5 bのような状態にします。この状態で描かれている分子はbicyclo[2.2.2]octane（ビシクロ[2.2.2]オクタン）という分子です。bicycloは「二つの環」を意味しますが、このように二つの環がくっついた状態の時に使います。octane（オクタン）は8個のC原子からなる脂肪族化合物であることを示します。

それでは[2.2.2]とは何を意味するのでしょうか。初学者の範囲をちょっと超

14. 3D Optimizationを活用して複雑な化学構造を描く　89

図14-6

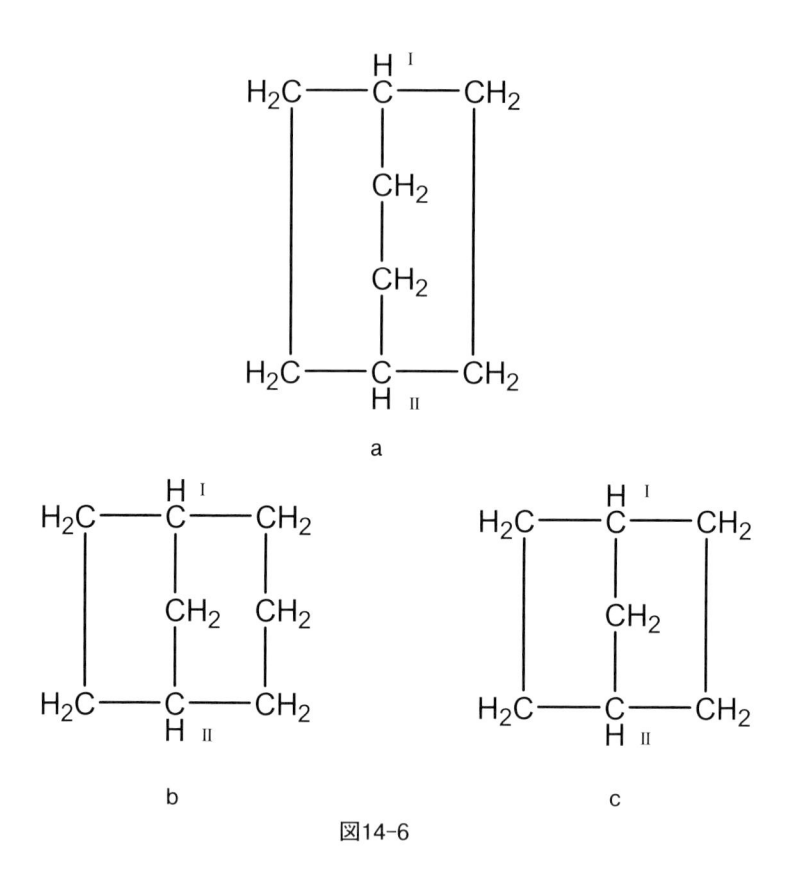

えますが、それほど難しい話でもないので、ご説明しましょう。**図14-6 a**に改めてこの分子の化学構造を描いてみます。この場合は、名前を付けやすいように、平面的に示します。このように使い方に応じて立体的な表示と平面的な表示を使い分けることができるのは、科学の一つの妙味と言えるでしょう。つまり現実そのものでなく、それを抽象的に表現することで、見通しをよくするこ

とは、一段高い知識なしにはできないことですから。

　この図を見ると、IとIIの印を付けた原子のところで、環が交わっていることが分かるでしょう。「二つの原子を３本の橋がつないでいる」と見ることができます。各々の橋がいくつの原子からなっているかを数えてみましょう。IとII（これらを橋頭原子とも言います）は共通ですから、数には入れないことにします。図14-6 aの分子では、３本の橋はすべて２個のC原子からなっていますので、それを[2.2.2]と表現します。したがって、bicyclo[2.2.2]octaneになるわけです。octaneは８個のC原子からこの分子がなっていることを示しています。図14-6 aを描くつもりが、同じ８個のC原子ですが、bのように間違って描いてしまったとします。この場合、３本の橋にあるC原子の数は、左から２、１そして３個になりますね。このような分子も当然存在できます。その名前は、この順序ならbicyclo[2.1.3]octaneになりますが、括弧の中を数の大きさで並び替えた方が理解しやすいので、通常はbicyclo[3.2.1]octaneと表記することになっています。

　締めくくりに、先ほど習ったcamphorの骨格構造の名前をこの方法で付けてみましょう。展開した構造は図14-6 cのようになります。もう簡単ですね。C原子の数は全部で７個ですので、bicycloheptane（ビシクロヘプタン）がまず決まります。７個のことはhepta（ヘプタ）と表します。オリンピックの競技種目にヘプタロンというものがありますが、日本語では７種競技です。IとIIの原子が橋頭原子です。やはり橋頭原子の間には３本の橋があり、その橋を構成するC原子の数は左から２、１、２になります。したがって、この骨格はbicyclo[2.2.1]heptaneとなります。人は様々で、化学構造式をぱっと覚えられる人もいれば、なかなか覚えられない人もいます。受験の時には、覚えていないと試験はできないのですが、その必要のある期間は人生でもせいぜい数年です。後は、別に覚えていなくてもよいのです。規則があったはずで、それはどこに書いてあったか、それだけが思い出せれば十分です。偉そうにしている化

学者だって、空で書ける化学構造式はそんなにないのです。筆者は、時々できのよい受験生の記憶にはむしろ感心することすらあります。

　だいぶ回り道をしました。ここでの目的は、triptyceneの美しい化学構造を描くことです。図14-5 bにまた戻りましょう。bicyclo[2.2.2]octaneにさらに3個のbenzene（ベンゼン）環を結合させます。reference toolbarのTable of Radicals ▦ をマウスの左ボタンでクリックして、その中にあるBenzene環 ⬡ を選択します。マウスのポインタを結合する（この場合縮環する）結合のちょうど上にもっていくと、benzene環が縮環したイメージに変わります。その時点でマウスの左ボタンをクリックして下さい。この操作を、3ヵ所について行うと、図14-5 cのような構造が作れるはずです。benzene環の選択をはずすには、作業スペースの適当な場所でマウスの右ボタンをクリックして下さい。図14-5 cでもよいのですが、何となく形が不細工なのでこれを整形しましょう。何事も美しさがいちばんです。そこで、この構造を選択して、3D Optimizationボタン ⚙ を押してみて下さい。最終的に図14-5 dのような構造が描けます。もし、dの構造の描き方により、中央の環の結合が変に重なって見えにくい時には、分子を選択した上で、分子の3D Rotationの機能 ⚙ 、Select/Rotate/Resizeの機能 ⚙ あるいはSelect/Moveの機能 ⚙ を用いて分子を見る方向を少しだけずらしてみて下さい。分子全体が最も美しく見渡せるような図が描ければOKです。

15. テンプレートの簡単な使い方

　前節でtriptycene分子を描きましたが、その時は練習のためにbicyclo環を作るところから始めました。しかしbicyclo環のようによく使われる部分化学構造はChemSketchでは、「テンプレート」として登録されていますので、それを活用すればずっと楽に構造が描けます。テンプレート（template）とは、もともと「鋳型」という意味ですが、いわゆる「鋳型」とは異なるニュアンスなのでカタカナでテンプレートとして使われることが最近は多いようです。第9節で述べたRadicalsとは意味が少し違います。テンプレートはあくまで一つの

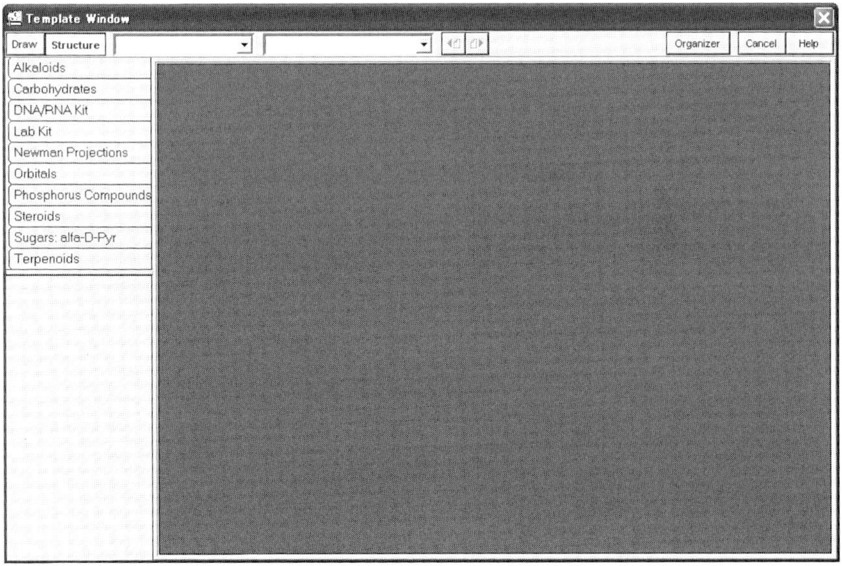

図15-1

完成した分子です。これに対してRadicalsは、主たる分子に結合すべき部分化学構造です。後で述べますように、皆さんが描いた図はテンプレートとして保存しておけるので、何時でも何回でもその構造を呼び出して使うことも可能です。ここでは簡単にテンプレートの使い方を見てみましょう。

　general toolbarのOpen Template Window（テンプレート窓のオープン）ボタン を押します。すると図15-1のようなテンプレート窓が開き、たくさんのテンプレートが使用可能になります。この画面の左側には10種類のメニューが見えます。化学構造のテンプレートを使用する場合には、 Structure が選択されていなければなりません。

　メニューの中から「Alkaloids」を選んでみましょう（図15-2）。 Structure の

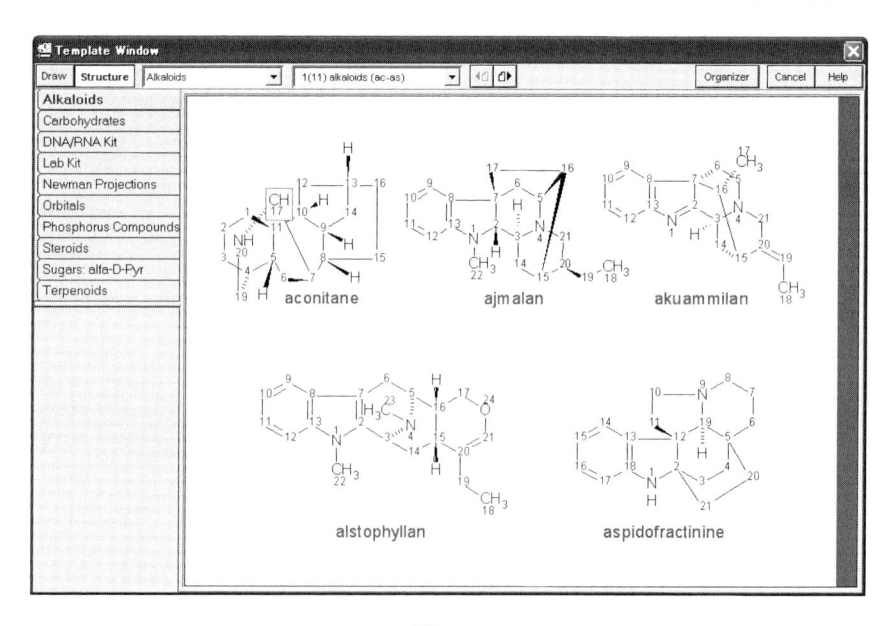

図15-2

右横の窓にはいま選択されているテンプレートの名前「Alkaloids」が表示されています。この窓の下矢印をマウスの左ボタンでクリックすると、収録されているテンプレートが表示されます。左側のメニューに表示されている10種類の他にも、非常にたくさんのテンプレートが用意されています。つまりこのテンプレートを使えば化学構造が、楽チンにそしてきれいに描けるというわけです。

　この窓の横にもう一つ窓があり、そこにはいま1(11)alkaloids（ac-as）と表示されています。「Alkaloids」にはさらにもう10枚テンプレートが用意されています。

　さて、このテンプレートを使ってtriptyceneを描いてみましょう。いま

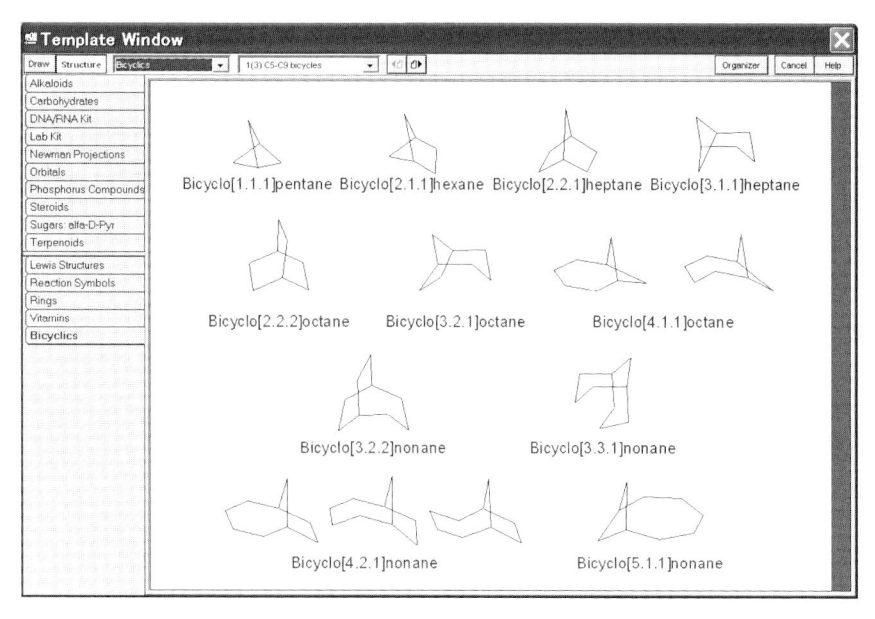

図15-3

15. テンプレートの簡単な使い方

「Alkaloids」となっている窓の下にある、「Bicyclics」を選択してください。その右横の窓は「1(3)C5-C9 bicycles」と表示されているはずです（図15-3）。triptyceneを描くには、この画面からBicyclo[2.2.2]octaneを選択します。選択するには、この構造をマウスの左ボタンでクリックすればOKです。すると画面はChemSketchのworkspaceになり、そこにBicyclo[2.2.2]octaneの構造が現れ、その横に のアイコンが現れます。マウスの左ボタンをクリックすれば、図15-4 aのように、構造が表示されます。マウスの右ボタンをクリックすると、選択は解除されます。左ボタンを誤って複数回クリックしてしまうと、テンプレートに基づき複数の分子が作られてしまいます。複数の部分化学構造を作る時は便利な機能と言えます。次にTable of Radicals をマウスの左ボタンでクリックして、その中にあるBenzene を選択します。既にラジカル表でbenzene環を選択していると、画面右側のreference toolbarにbenzene環のアイコン が表示されますので、これを選択しても結構です。そして前の例と同じように、benzene環を結合させ、図15-4 bの化学構造を作り、3D Optimizationボタン を押して形を整えます（図15-4 c）。このように、第14節でお話しした方法より、テンプレートを使う方が速く確実に化学構造式が描けますが、描き方の基本が分かれば、どのような分子でも描くことができますし、化学構

　　　　a　　　　　　　　　　b　　　　　　　　　　c

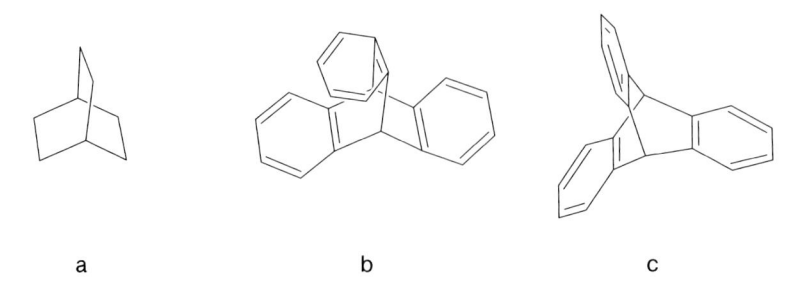

図15-4

造を描きながら、その分子の化学構造を確認すると共にその性質にまで思いを馳せることができます。ですから、化学を勉強している人は、化学構造に慣れるために、なるべくテンプレートに頼らない方がよいと思います。もちろん、「御用とお急ぎの方」はこの限りではありません。

　以上で、ChemSketchを用いた説明の前半を終了します。前半を学ぶだけで、化学構造式をこのソフトウェアを使って描くのに十分な知識が備わったはずです。後半では、非常に機能の多いChemSketchの残りの機能を説明し、さらに化合物のジャンルごとに分子構造を描く練習をしてみましょう。

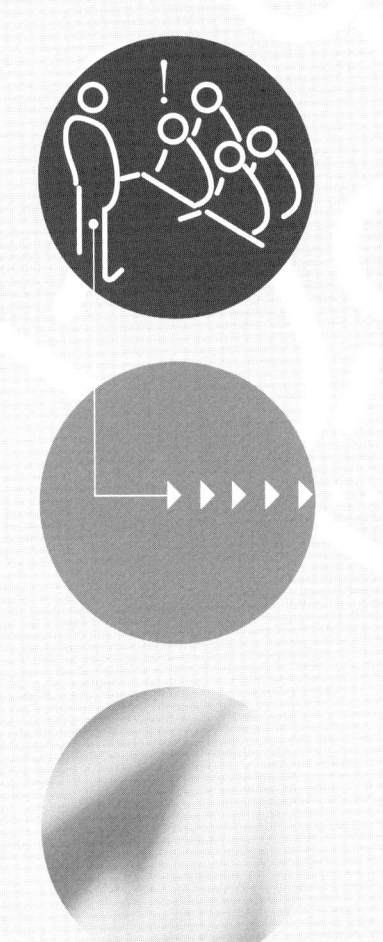

第 2 章
ChemSketchの
さらに進んだ使い方

16. Lewis（ルイス）構造で分子を表現する

　これまで分子構造を描く際には、各原子の電子の状態については全く考慮してきませんでした。各原子の電子配置を表現した方が、分子を構成する原子の化学反応性を知る上で便利な場合があります。原子の電子状態を表現する方法として最もよく使われている方法がLewis（ルイス）構造です。

　ここで少し化学結合の基本をおさらいしておきましょう。もうよく分かっている人は、102ページまでスキップして下さい。

　まず原子の構造についてです。原子は原子核と電子から成り立っていますが、化学の現象を扱う限り、ほとんどの場合、電子の振る舞いだけが問題になります。元素の種類により、原子中に含まれる電子の数は異なりますが、同じ元素であれば同じ数の電子を持ちます。中性のC原子はいつでも6個の電子を持ちます。H原子、N原子、O原子は各々1、7、8個の電子を持ちます。電子の数は、その原子の原子番号と同じです。つまり、原子番号が分かれば、その原子内の電子の数も分かるわけです。

　電子は原子から取り出してしまえば、全部同じ電子です。ところが、原子の中にいる時には通常、電子はいくつかの異なる性質を持つグループになっています。非常に大ざっぱに分けると、「隣の原子と化学結合を作ることのできる電子」と「化学結合を作るのには参加しない電子」です。図16-1に示すように、電子は原子核の周りの決まった軌道の上を回っていますが、各軌道には決まった数の電子しか入れません。電子は原子核から近い順に、各軌道を埋めていきます。各軌道には名前が付けられていて、原子核に近い順からK、L、Mなどとなっています。軌道という言葉の代わりに殻という言葉も使われます。K、L、M殻の電子の定数は各々2、8、18個になりますが、M殻では8個でいったん定数となります。

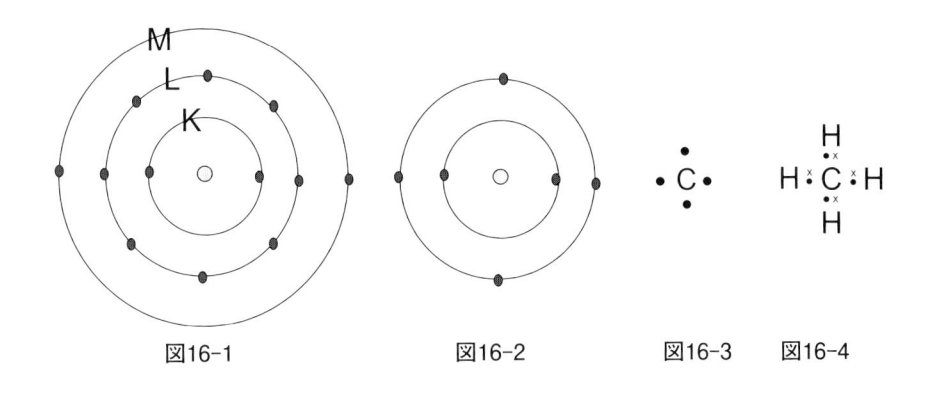

図16-1　　　　図16-2　　　図16-3　　図16-4

　電子数6個のC原子では、K殻にまず2個の電子が入り満員になり、次にL殻に4個の電子が入ります。これを図解すると**図16-2**のようになります。L殻の電子は、原子核からいちばん遠いところにありますので、これを最外殻電子と言います。最外殻電子以外の電子はすべて原子核寄りにありますので、これらを内殻電子と言います。内殻電子は原子核に強く引っ張られているので、原子から飛び出し難いので、ほとんど化学現象には関与しません。つまり、原子間の結合に関与するのは専ら最外殻電子ということになります。

　この最外殻電子の状態をLewis構造で表現すると、**図16-3**のようになります。Lewis構造では、最外殻の電子を黒く小さな丸で表現することになっています。単にCと書くより、C原子の状態をより明示的に表現する方法と言えます。

　有機化合物の化学結合のうち、最も多い結合は共有結合です。この結合では、少なくとも二つの電子が原子間で共有されます。**図16-4**ではmethane分子を使ってこの説明をします。H原子には電子が1個しかないので、この電子が最外殻電子ということになります。C原子の4個の電子は、他の原子の電子と共有することで、電子2個あたり1本の化学結合を作れます。したがって、こ

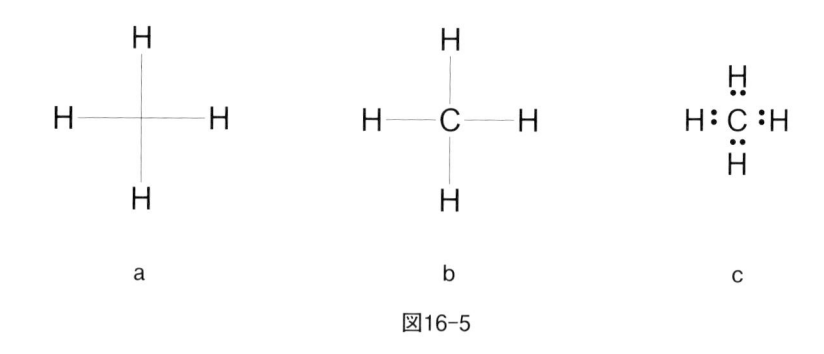

```
      H                      H                      H
      |                      |                      ..
H  —  —  H            H  —  C  —  H          H :  C : H
      |                      |                      ..
      H                      H                      H

      a                      b                      c
```

図16-5

　の図に示すようにmethane分子では、4個のH原子からの4個の電子とC原子からの4個の電子を各々共有することで、4本のC－H化学結合ができます。これをLewis構造で表すと非常に分かりやすくなります。化学結合を線で表現するこれまでの方法を使うと、この辺の事情を説明することは困難です。

　　　　　　　　　　　　　　ChemSketchではLewis構造を簡単に描けます。それを説明しましょう。まずmethane分子を描いてみます。**図16-5 a**ではC原子が表示されないので、都合がよくありません。ChemSketchはC原子を標準では表示しない設定になっています。そこで、C原子の記号も表示する設定をします。図16-5 aの分子全体を選択してマウスの左ボタンでダブル・クリックします。すると、**図16-6**のような原子や結合の性質を設定できるProperties窓が現れます。Properties画面で原子の大きさや原子間の距離などを調整するこ

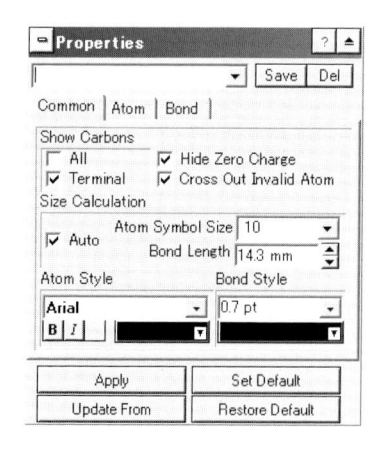

図16-6

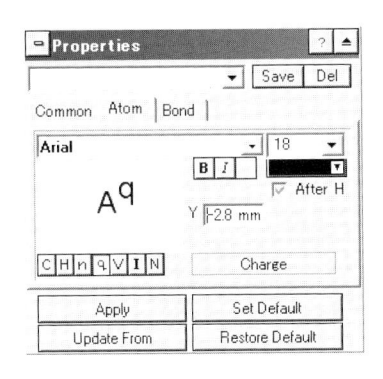

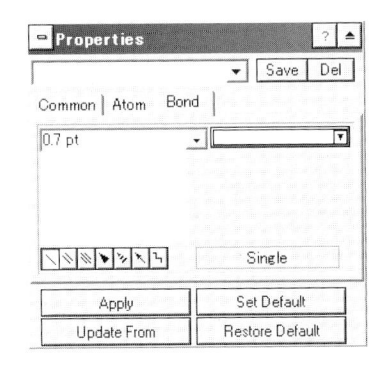

図16-7　　　　　　　　図16-8

とができます。まず、Properties窓の［Common］ラベルを選択します。炭素原子の表示法［Show Carbons］から［All］を指定して、この設定を行うために［Apply］（適用）ボタンを押します。すると図16-5bのように中心にC原子が表示された構造式になります。

　ここで、さらにLewis構造がより見やすく描けるように原子のフォントの大きさなどを設定します。［Common］の［Size Calculation］の［Auto］のチェックをはずし、［Atom Symbol Size］を18に、［Bond Length］を8.9mmに設定し［Apply］を押します。次に、［Atom］ラベルを選択し、下のメニューの中から［q］（charge:電荷）を指定し、電荷記号のフォントの大きさを18にし、原子の記号からのずれ［Y］を－2.8mmに設定し、同様に［Apply］を押します。この設定が終わるとこの画面は**図16-7**のようになります。最後に［Bond］を選択し、上の右側にある結合（bond）の色の設定を標準の黒から白に設定します。黒にしたままですと電子の記号と結合の直線が同時に表示されるので、図が見にくくなります。この設定をしたPropertiesの画面は**図16-8**のようになります。設定が完了したら、［Apply］を押してください。

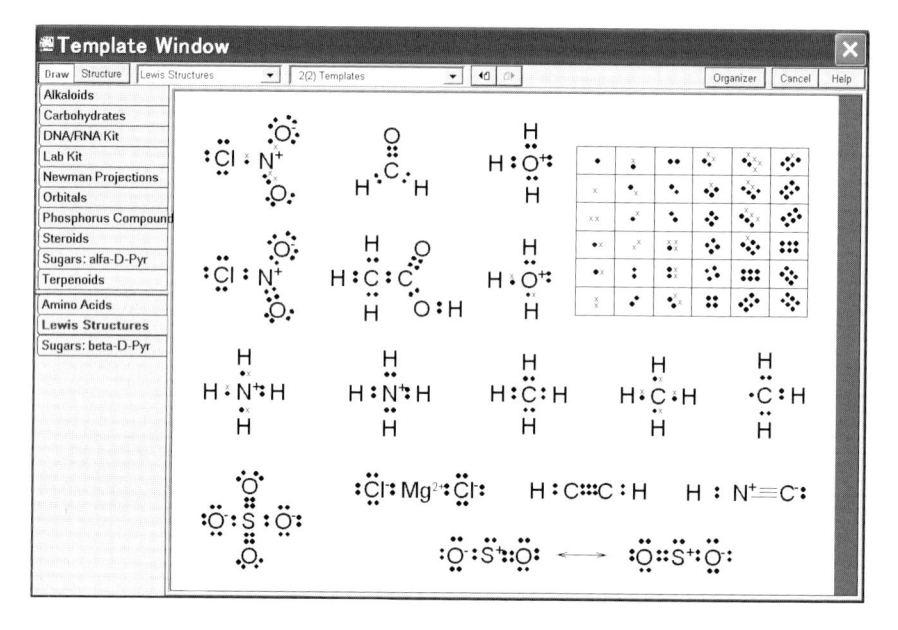

図16-9

　次にgeneral toolbarから描画モード Draw を選択して下さい。Lewis構造に使う電子の記号はテンプレートから取り出します。Open Template Windowボタン を押し、テンプレート窓を Draw モードにします。テンプレートの種類から「Lewis Structures」を選択します。このテンプレートの第1ページは、Lewis構造の描き方に関する説明ですので、次のページに進んでください。そうすると**図16-9**のような画面になります。この画面上の••と•を、この画面からコピーして構造式に貼り込めばよいのです。コピーした後で適当な場所で左ボタンをクリックすることで、その位置に電子の記号を置けます。なお、[Tab]キーを押すと縦横をはじめいろいろな種類に変わるので、自分の

好きなものを選んで下さい。まだ確定しない前に[Ctrl]キーを押すと同じ記号のコピーが別の位置にできるので、複数の電子対を描く時には便利です。Lewis構造が出来上がると図16-5 cのようになります。

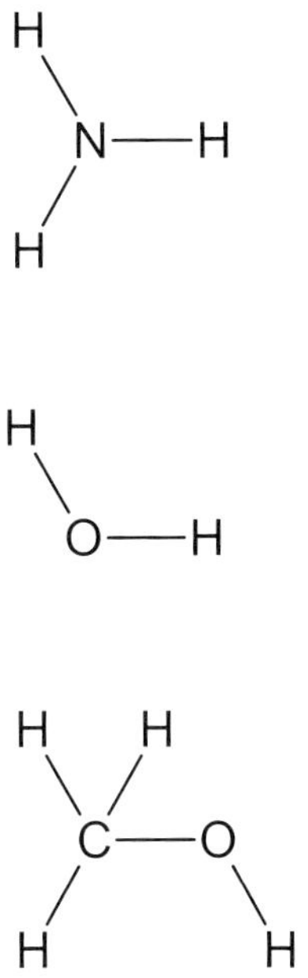

実はmethaneをLewis構造で表しても、何も目立って得になることはありません。ただ各共有結合には２個の電子が使われているということを示すだけです。Lewis構造の威力が発揮されるのは、結合に関与してない電子の状態を表現する場合です。ammonia（アンモニア）、水、そしてmethanol（メタノール：メチルアルコール）分子を普通の化学構造式で表すと、**図16-10**のようになります。この図では、C原子を明示的に示しています。

ここで、少し化学のお話をしなければなりません。最外殻の電子が化学結合に使われることはすでにお話ししました。N原子の原子番号は７で７個の電子を持っていますが、最外殻には５個の電子があります。これらの電子は結合を作るのに使われるので、価電子とも言われます。同じ電子なのにこのように二つの名前が付いているのが煩わしく感じる読者もいるかと思いますが、最外殻という言葉は状態を示した言葉で、価電子はその性質を示した言葉です。通常、大きく分けて、物体の状態を示す言葉とその性質を示す言葉があると思って間違いがありません。逆に言えば、その言葉が状態を示しているのか性質を示しているのかを知れば、その言葉の意味がよく分かるようになります。

さて、ammoniaのN原子の最外殻電子はH原子との共有結合に使われます

図16-10

```
       H                              H
       ..                             ..
  H : N : H          H : O :     H : C : O :
       ..                 ..          ..
       H                  H       H   H

       a                  b           c
```

図16-11

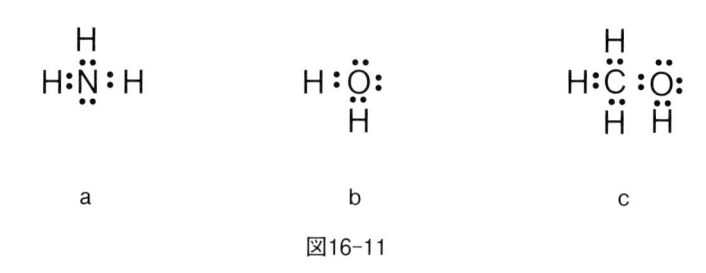

が、共有結合はN原子からの1個の電子とH原子からの1個の電子が共有されることにより、作られます。H原子は3個ありますので、それらの電子と共有するためにN原子の3個の電子は使われます。しかし、最外殻の電子が2個余ってしまいます。この電子はどうなるのでしょうか？

　これらの電子はN原子付近に2個で対を作って存在しています。これを孤立電子対（lone electron-pair）と言います。この電子は結合に関与していませんが、「結合に関与したいという性質」を持っていますので、ammonia分子の化学反応性を左右する上で非常に重要なものです。

　同様のことが水分子やmethanol分子の一つのO原子についても言えます。O原子には6個の最外殻電子がありますが、HまたはC原子との共有結合に使われるのは2個のみです。残りの4個の電子は2個ずつが対になり、二組の孤立電子対としてO原子の傍にいることになります。この孤立電子対も化学反応性を考える上で非常に重要です。ところが図16-10では、この大事な孤立電子対を表現できていません。Lewis構造はこうした電子を表現する上では非常に便利です。

　図16-11にammonia、水そしてmethanol分子をLewis構造で示しました。描き方は既に述べましたが、おさらいを兼ねてammonia分子の描き方を順を追って説明しましょう。

```
      H
      |
  N —— H            N  H             ..
      |                              :N—H
      H             H                ..
                                      H
      H
      a               b                c
```

図16-12

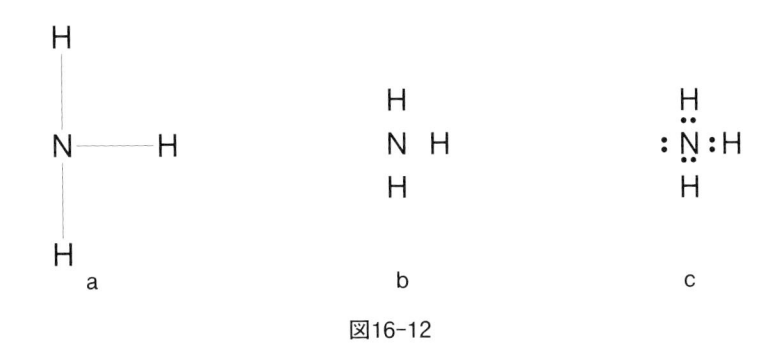

　まず図16-10のようにammonia分子を描きます。分子全体を選択します。N原子を左ボタンでダブル・クリックして、原子と結合のProperties画面を開きます。［Common］で［Size Calculation］の［Auto］をはずし、［Atom Symbol Size］を18に、［Bond Length］を8.9mmに設定します。いったん［Apply］ボタンを押します。［Atom］でCharge記号［q］のフォントの大きさを12にし、記号を描く位置をY＝－2.8mmに設定します。いったん［Apply］ボタンを押します。［Bond］で結合の色を白にして見えなくします。最後にもう一度［Apply］ボタンを押します。すると**図16-12** aの構造式が図16-12 bのように変わります。

　ここでOpen Template Windowボタン を押し描画モード Draw にし、「Lewis Structures」のテンプレートを選択します。このテンプレートの2ページ目を開け、電子対の記号を各結合の間にコピーします。マウスの左ボタンをクリックした位置に記号はコピーされます。右ボタンをクリックすると選択が解除されます。テンプレート選択画面は、電子対をクリックした段階で消えてしまいます。テンプレート選択画面を何度も呼びなおすのが面倒であれば、作業スペースのどこかに記号をいったん一つコピーしておき、それをまたコピーして使って下さい。もし電子対の向きが適切でない場合には、記号を選択し

16. Lewis（ルイス）構造で分子を表現する　*107*

た後で、DrawモードのSelect/Move/Rotate機能を使えば、記号の向きは自由に変えることができます。最終的に図16-12 cのような図が描ければOKです。練習のために水とmethanol分子も描いてみて下さい。

　図16-11を見ると、N原子やO原子に孤立電子対があるのがよく分かり、その化学反応性を考える上で非常に便利です。

　どの電子も電子には変わりがなく、いったん化学結合ができてしまうと、それに使われている二つの電子がもともとどの原子から来ていたかを区別することはできません。ところが、各原子から結合に関与する電子がどのように出ているかを明示的に示す場合に、便宜的に各原子に属している電子を区別することがあります。この時には、電子を・と×で区別することがあります。**図16-13**にはこのような表記を使って表現したLewis構造を示しました。この図ではH原子からの電子を×で表現しました。この表記をすると、各原子の価電子数が一見して分かります。

　オキソニウム・イオンとは、水分子が水の中で取るイオン状態です。化学式ではH_3O^+と表されますが、Lewis構造で表すと**図16-14** aのようになります。O原子の周りの電子の数に注意して下さい。8個ありますが、H原子から3個供給されていますので、O原子からの電子は5個しかありません。もともとO

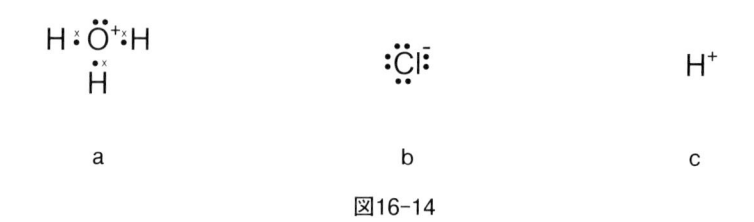

図16-13

図16-14

原子は6個の価電子を持っていましたから、このO原子は1個の価電子を失って+1の電荷を帯びていることになります。

　図16-14 bに示す例は、塩化物イオンです。Cl（chlorine）原子の原子番号は17で、K殻およびL殻には定員の数だけ（それぞれ2個、8個）電子が入っています。最外殻はM殻になり、そこには7個の電子があります。ところが、Cl原子は別の原子から電子をもらい、−1のイオンになりやすい性質を持っています。つまり、図16-14 bではCl原子の周りには8個の電子があるので、これはCl$^-$イオンということになります。H$^+$イオンの場合には、電子が全くなくなりますので、図16-14 cのようになります。Lewis構造のメリットが理解いただけたでしょうか？

　何度も述べますが、記号はあくまで私たちがものを考える上で便利になることを目的にしています。決して固定的にあるものではなく、目的に応じて使い分けるものであり、必要であれば作り出すものです。またさらに重要なことは、どの一つの記号をとっても万全であるということはありません。それらは常にある側面から簡単化した分子像ないし原子像であることを忘れないで下さい。

　孤立電子対の表現をした図16-11はある意味で正しいのですが、実際には必ずしも孤立電子対はこの図のように特定の場所に「鎮座ましまして」いるわけではありません。これは原子や分子の記号化だけに言えることではありません。自然科学全体がそうであると言ってもよいと思います。自然現象を法則化ないし定式化するのが、自然科学ですが、それらの法則は原則としては成り立っていても、実情としては種々の因子が絡んでくるために、それらの法則だけできちんと自然現象を再現することは多くの場合困難です。したがって、自然科学者を自称し、ものを言い切る人がいる場合には要注意です。そんなにきちんと言い切れるほど私たちはすべてのことを知ってはいないからです。自然科学者は決して原理主義者であってはいけないと思います。それを行うと、結局

は中世の科学者の二の舞になってしまうでしょう。

　脱線ついでに……。学校の勉強で、先生のおっしゃっていることがいつも「腑に落ちない」と思っている人はいませんか？「本当にそうなのだろうか？」「こういう場合はどうなのだろうか？」「何となく納得できない」「そんなに単純なものなのだろうか？」「そんなに複雑なものなのだろうか？」このような漠然とした質問はたいてい先生方から嫌がられる質問になり、そうした質問をした人は「天邪鬼な人間」と思われるのが落ちかも知れません。筆者自身もそういう経験（もちろん、天邪鬼と言われた）を持っています。

　今になって考えれば、当たり前の疑問を持っていたのです。つまり、少なくとも理科で教える内容について、そういう疑問を持つ人は、そのような疑問を持ってしまうので自分は理科に不向きだと決して思わないで下さい。そのような疑問は実は非常に大切です。そのような疑問をずっと持ち続けられる人は、むしろ科学者に向いていると思います。反対に、教科書に書いてあることがすべて納得できる人こそ、科学者に向かない（なって欲しくない）人たちだと思います。そういう意味で、今の理科教育の中では、科学者向きの人間がむしろ疎外されていると思うのは筆者だけでしょうか。筆者は、今の教育体制では、理科ができない人、納得できない人の中に理科を学ぶのに適している人が大勢いると思っています。筆者の説明に大いに頷いた読者は自信を持って科学への道を目指して下さい。「天邪鬼」大いに結構です。

　だいぶ脱線をしました。教科書ではこのような脱線は許されませんが、ブルーバックスなら許してくれます。

　さてLewis構造に戻りますが、この節の最後に、もう一つの表記法に触れます。これまでの二つの折衷案です。methane分子のところで述べましたように、単に化学結合に関与している電子対は手間をかけて表現する価値がありません。そこで多くの化学者は電子の状態を表現する必要のあるところだけLewis構造で表現しています。図16-15にそのような例を示します。aとbの分

図16-15

　　a　　　　　　　　b　　　　　　　　c

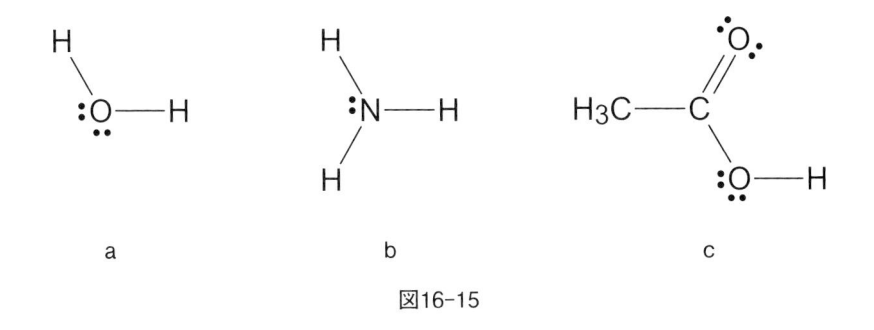

子については既に説明してあります。cの分子はacetic acid（酢酸）分子です。

　このように表現すると、各分子のどの原子がどのぐらい電子に富んでいるか（つまり、どの程度「化学反応性」に富んでいるか）が一目瞭然です。水分子は二組の結合に関与してない電子対を持っていますので、化学的に比較的活動的です。生命活動の多くは、この水の働きと非常に密接に関係しています。同様にammonia分子のN原子にも孤立電子対があるので、ammonia分子も化学的に活発です。もちろん、acetic acid分子も化学的に活発です。ここでの化学的な活発さとは、他の分子と化学結合して新しい分子を作りやすいことを意味します。

17. 構造式以外の図の描き方——Draw機能の使い方

　ここで話の内容を大きく変えます。化学構造式を書いて記録しておく場合に、どうしても化学構造式以外の図や文字を使いたいことがあります。また、これまで述べてきた化学構造式だけでは表現しきれないこともいくつか出てきます。後で述べますように、このような目的でワープロや描画用のソフトウェアを使用することも可能ですが、ChemSketchには化学構造式をプレゼンテー

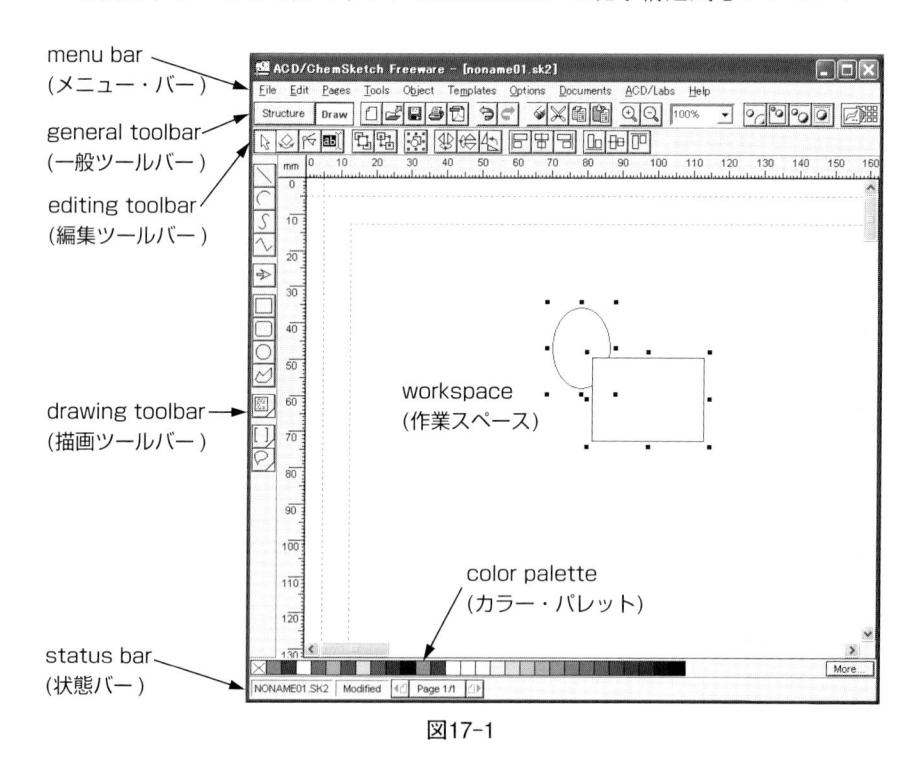

図17-1

ションする時に使用すると便利なツールが一通りそろっています。この節では、その使用法について簡単に説明したいと思います。

ChemSketchのgeneral toolbarの左端から2番目に Draw というボタンがあります。このボタンをマウスの左ボタンでクリックすると、**図17-1**のような Draw 画面になります。ChemSketchで作図をする時には、同じ図を Structure 画面と Draw 画面の両方で操作できます。 Draw 画面の上にあるmenu barやgeneral toolbarは Structure 画面のものと全く同じです。

非常に簡単な例を**図17-2**で見てみましょう。この図は3個の分子を横に並べたものです。各分子には名前と簡単な説明がついています。このような図はレポートや発表会によく使うものです。この節では、このような図を描くポイントを説明しましょう。

まず最初に、 Structure モードにして3個の分子を描きます。その際、横の間隔はそろえて下さい。縦方向にはずれていても結構です。

第二に Draw モードに移り、Select/Move/Resize（選択・移動・サイズ変

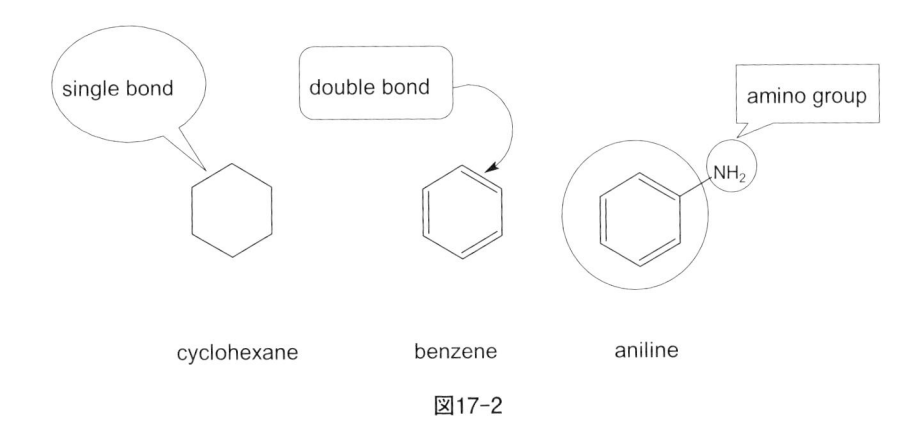

cyclohexane　　　benzene　　　aniline

図17-2

更）ボタン ⬚ を選択し、3個の分子をまとめて選択します。選択状態になると各分子の周囲に小さい黒い四角が8個現れて、選択されたことが確認できます。これらの四角は、この図が操作できる状態になったことを示します。本書ではこれを選択記号と呼びます。

　第三に、編集ツールバーの右端にあるAlign Top（上端を揃える）機能ボタン ⬚ を選択します。すると上下方向に不揃いだった3分子がきちんと配列されます。同様な機能に、Align Bottom（下端を揃える） ⬚ およびCenter Vertically（中央を垂直に揃える） ⬚ もあります。いまの場合、どの機能を使っても、同様に配列することができます。作図時のストレスの一つを解消してくれる機能です。

　第四に、各分子の名前を下に入れます。このようなテキストを入力する機能はText（テキスト入力）ボタン ⬚ で選択します。このボタンを選択した後で、workspace上の適当な位置にポインタを移動し、そこでマウスの左ボタンをクリックすると、テキストの入力を促す横長の四角が表示されます。ここに各化合物名をアルファベットで入力します。ChemSketchでは日本語は許されていないので注意して下さい。化学を勉強する限り、日本語を使う必要がほとんどないことは、既に述べた通りです。入力を終えたら、そのテキスト入力枠以外のworkspaceのどこかをマウスの左ボタンでダブル・クリックすれば、テキスト入力状態から抜けられます。

　Select/Move/Resize（選択・移動・サイズ変更）機能ボタン ⬚ を選択して、入力したテキスト付近をクリックすると、入力されたテキストの周りに選択記号が現れ、このテキストが選択状態になったことを示します。その時、この枠が必要以上に横長であることに気が付くでしょう。この状態にしていると、cyclohexaneの隣にbenzeneを入力する時に邪魔になります。選択記号は、このテキストを編集するガイドです。右端の天地の真ん中にある四角の上にマウスのポインタを移動すると両方向に向かう矢印が表示されます。これは入力

枠を左右に拡大縮小できることを示しています。この状態でマウスの左ボタンを左右にドラッグすると、この枠を拡大縮小できます。ドラッグに伴い、ポインタの下に幅の拡大率（例えばw:121.5%のように）が表示されます。いまは、なるべく幅を狭めて、入力する文字がぎりぎり入るようにして下さい。次に、対応する分子と名前の両方を選択し、Center Horizontally（中央を水平に揃える）機能 ⊞ を選択します。すると、図のちょうど真下にきれいに名前が入ります。二つ以上の図を左右方向で揃える機能は他にもあります。⊟ は左に揃える場合、⊟ は右に揃える場合に使います。文字や図は選択すると自由に画面上を移動できます。

第五に、各化学構造に説明をつけます。Draw には、種々の作図をする機能があります。drawing toolbarのいちばん下には、callout（吹き出しを作る）機能 ♡ があります。このアイコンのように、右下に切れた三角形のある機能では、さらに細かい条件を選択できます。吹き出しの場合、Square Callout（四角）、Rounded Callout（丸）そしてOpen Callout（枠で囲わない吹き出し）があります。cyclohexaneについては丸の吹き出しを選択します。吹き出しを付けたい位置にポインタを移動し、その場で左ボタンをドラッグすると、吹き出しが作れます。何度か練習すれば、きれい（？）な吹き出しが作れます。single bondというテキストは既に述べたテキスト入力機能を使って作成して下さい。

第六に、benzeneのところに示したように、吹き出しの代わりに任意の図形で説明部分を作り、指定する位置を矢印で示すことも可能です。指定する位置が点や線である場合には、この方が見やすいかも知れません。まずこの例では、Rounded Rectangle（角を丸めた四角）□ を選択し、適当な大きさで適当な位置に図形を描きます。そこにすでに述べたようにテキストを書き込みます。

矢印を描くには、まずDraw Arrow（矢印）ボタン ⇒ を選択し、さらに ▶ を押すと図17-3のような小窓が現れます。この小窓で矢印の設定はいろいろ

変えることができます。つまり、矢印の形状、太さなど、最も適当な矢印を選択できます。この状態で、Line（線）◯、Arc（弧）◯、Curve（曲線）◯およびPolyline（折れ線）◯を選ぶと、各線の先に矢印をつけることができます。もちろん、矢印機能を選択していなければ、各々の形状の線を描くことができます。ここでは弧を使って描いています。いずれの場合も、線の描き出しが矢印の始点になり、描き終わりが終点になります。最初はなかなかうまく描けないことがあるかも知れませんが、少し練習すると簡単にコツが分かり楽々使えるようになります。

　最後のaniline分子では、benzene環とamino基を丸で囲んで強調しています。これを行うには、画面左側にある描画ツールバーから、まずEllipse（楕円）機能◯を選択します。このボタンを押して、workspaceの任意の場所で、マウスの左ボタンをドラッグしてみて下さい。横に引くと横長の、縦に引くと縦長の楕円を描くことができます。真円を描くには、[Shift]キーを押しながら、左マウスボタンをドラッグして下さい。[Shift]キーの使い方は他の図形でも同じです。Rectangle（長方形）◯で、[Shift]キーを同時に使うと、正方形が描けます。円が描けたら、その円をbenzene環の上に移動します。すると、この円でbenzene環が隠れてしまいます。この円をbenzene環の下側にもっていくには、Send to Back（背面に置く）機能◯を用います。円を選択した状態（選択記号が表示されている状態）で、このボタンを押すと、benzene環が円の手前に描かれます。同様にして、amino基を囲む円も描けます。もちろん、他の図形で化学構造式の部分を囲む場合も同様の操作で行うことが

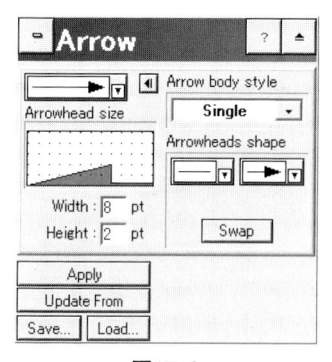

図17-3

できます。図形やテキストを背景より前面に出すためには、上記の操作と逆の、Bring to Front（前面に置く）機能 ⬚ を用います {movie:3 molecules}。

　さて、このようにして描いた図では、個々に描いた化学構造や円やテキストが別々の実体になっています。それを確認するには、選択・移動・サイズ変更 ⬚ をONにして、aniline分子を選択してみて下さい。たくさんの選択記号（■）が現れることが分かるでしょう。この状態ですと、この図全体をコピーして別のところにもっていく時に不便なことがあります。つまり、うっかり図形の一部を選択しないままでコピーすると正確なコピーができないばかりか、誤って図形を変形させてしまうことがあります。したがって、複数の図形からなる図は、全体を一つの図として扱えるようにしておく方が便利です。ちょうど、データを入れたフロッピー・ディスクを書き込み禁止にしておくことに相当します。この操作を行うには、Group（グループ化）機能 ⬚ を使います。一つのグループにする複数の図形を選択した後で、このボタンをクリックすると、いままでたくさん現れていた選択記号（■）が8個のみになり、図全体が一つの図になったことを示します。元の状態に戻すにはもう一度図を選択して、⬚ ボタンをクリックして下さい。このボタンはトグル・スイッチです。

　図17-4 aのanilineの構造で問題はないのですが、ある場合にはこの構造の向きでは不便なこともあります。向きを変えた構造をいちいち描くのは面倒です。ChemSketchでは、これを簡単に行う機能を持っています。aの分子を左右反転させるには、まずaの分子を選択し、Flip Left to Right（左右反転）機能 ⬚ を選択します。bの構造になります。同様にFlip Top to Bottom（上下反転）機能 ⬚ を選択すると、cの構造になります。またRotate 90°（90°回転）機能 ⬚ を選択すると、dの構造になります。さらに、Select/Move/Rotate（選択・移動・回転）機能 ⬚ をONにして分子を選択し、選択記号の右下の■に

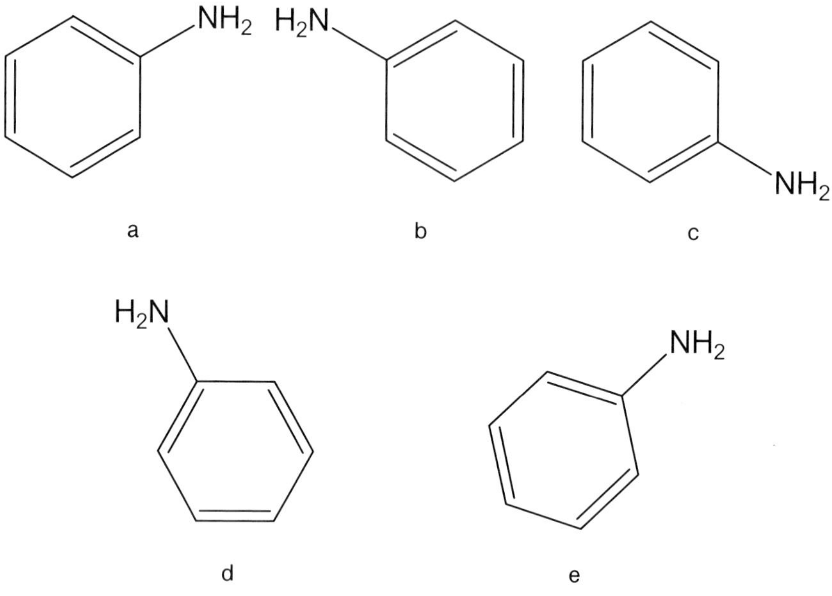

図17-4

ポインタを置きますと、弧の両側に矢印があるアイコンが現れます。この状態で、マウスの左ボタンをドラッグすると、化学構造式は回転し、その回転角が表示されます。すなわち、この機能を使えば、任意の角度で分子構造を回転できます。eの化学構造はaを反時計回りに12.6°回転させたものになります。

18. 化学反応式を描く

　化学反応は、化学で扱う最も重要な現象です。ChemSketchでは Structure の画面で化学反応を描くことができます。図18-1 aに示す過酸化水素（H_2O_2）が分解して水と酸素分子になる反応などは比較的簡単なので、特にChemSketchを使わなくても適当なワープロ・ソフトを使用することで、描くことができます。このような簡単な分子の扱いは、むしろChemSketchがあまり得意でないところです。どちらかと言うと、ChemSketchは有機化合物の構造を描くのに適しています。このような簡単な分子は Draw で描いた方が簡単です。

　図18-1 aの反応式は、 Draw モードで描いたものです。まずText機能 を選択し、文字を書きます。原子の数を表す添え字はその文字を選択した状態で、Subscript（添え字）ボタン s- を押すことで指定できます。このようなボタンは、文字を選択すると、editing toolbarに現れます。同様に、図18-1 bのように原子のイオンの価数を表すにはSuperscript（上付き（肩付き）文字）機能 S+ を使います。塩化鉄（III）などの水溶液に水酸化ナトリウムを加えると、水酸化鉄（III）の赤褐色の沈殿を生じます。図18-1 bは、この反応を表しています。これらの式で、気体は反応系から飛んで行くので上向きの矢印、固体になって溶液の中で沈殿するものは下向きの矢印で表されています。矢印

$$2H_2O_2 \longrightarrow 2H_2O + O_2\uparrow \qquad\qquad Fe^{3+} + 3OH^- \longrightarrow Fe(OH)_3\downarrow$$

　　　　　　　　a　　　　　　　　　　　　　　　　　　　b

図18-1

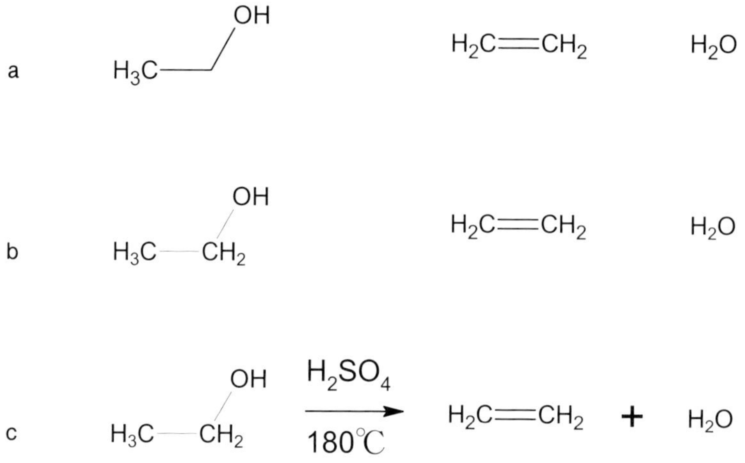

a H₃C-CH₂-OH   H₂C=CH₂   H₂O

b H₃C-CH₂-OH   H₂C=CH₂   H₂O

c H₃C-CH₂-OH $\xrightarrow[180℃]{H_2SO_4}$ H₂C=CH₂ + H₂O

図18-2

　機能 ⇒ で作られる矢印は基本的に横書きですが、既にお話ししたいくつかの機能を用いて回転すれば、縦方向を向く矢印も簡単に描くことができます。このようないくつかの代表的な反応式の図を作り、それらを保存しておけば、それらを基に簡単に新しい図も作れます。保存については、後で改めてお話しすることにします。それでは次に、alcoholが関係する二つの反応を描いてみましょう。まずethanol（エタノール）に硫酸を加え180℃で加熱すると、ethyleneと水分子が生じる反応で、脱水反応と呼ばれるものです。

　 Structure モードで図18-2 aの図を描きます。次にこれら全体を選択して、menu barの［Tools］から［Structure Properties］を選択します。すると既に述べたように原子や結合の表記方法を設定できるProperties（性質）設定のための小窓が現れます。まず［Common］設定ですべての原子を表示する設定を

行い（[Show Carbons]で[All]にチェックを入れます）、[Apply]（適用）の
ボタンを押します（図18-2 b）。次にstructure toolbarのReaction Arrow（矢
印）→を指定して、いくつかの種類の矢印から適当なものを選択して、それを
反応物と生成物の間に描き入れます。またReaction Plus +をクリックして、
二つの生成物の間に＋の記号を描き入れます。最後に Draw モードのText機能
で反応の条件である硫酸の存在と温度を描き入れると、反応式は図18-2 c
のようになります。もう一つの反応である酸化反応も描いてみましょう。
ethanolを酸化するとacetaldehyde（アセトアルデヒド）になり、それをさらに

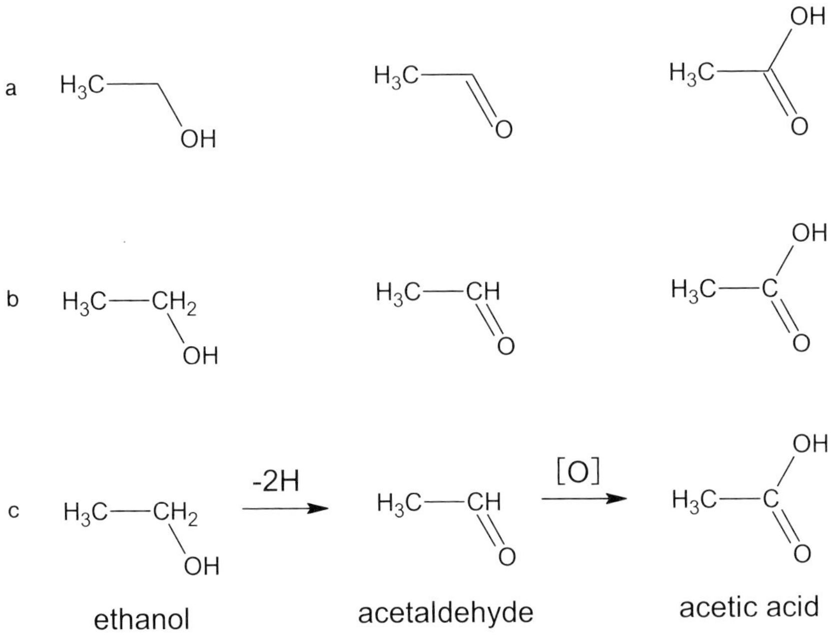

図18-3

酸化するとacetic acid（酢酸）になります。その反応を描くと、**図18-3**のようになります。手続きは、図18-2の場合と全く同じです。cが出来上がりです。この図では酸化を－2Hと［O］で表しています。

　化学反応は分子間（つまり原子間）の電子のやり取りによって起こります。**図18-4**には、ethyleneに塩素分子が反応して、1,2-dichloroethane（1,2-ジクロロエタン）が生成する反応が描いてあります。二重結合の化学反応性は一般的に高く、ethylene分子の場合も例外ではありません。一方塩素分子の二つのCl原子にはわずかながら電荷の偏りが生じています。わずかな電荷の偏りをaの図では$\delta+$と$\delta-$で表しています。ethyleneの二重結合にある化学的に活発なπ電子（二重結合の二番目の結合を作る電子）が、この$\delta+$になったCl原子を攻撃し、この反応は開始されます。

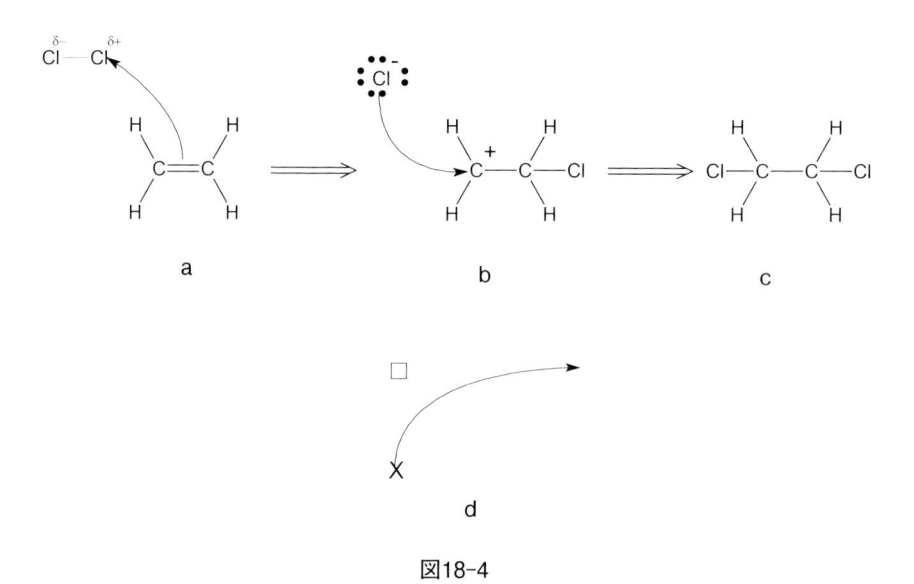

図18-4

皆さんはa図の構造式をもう簡単に描けると思います。δ＋やδ－を入力するには、Drawモードを使います。テキスト入力▨を指定し、作業スペースをマウスの左ボタンでクリックすると、テキスト入力の枠が出てきますが、同時に入力する文字のフォントを指定できるようになります。文字のフォントは通常はArialになっていますが、それをSymbolに変更すると、δ（デルタ）などのギリシャ文字を入力できるようになります。＋はキーボードの［＋］で入力可能です。次に、π電子がδ＋に荷電したCl原子を攻撃する様子を表した矢印の描き方を説明します。この矢印を描くには、Drawモードの矢印機能▨と折れ線作成機能▨を用います。dにこのような曲線の描き方を示しました。Xのところからマウスの左ボタンを押しながら□のところまでドラッグします。そこで左ボタンを離して、右に向けて曲線を描きます。適当なところでもう一度左ボタンをクリックしてから右ボタンをクリックすれば、そこが矢印の終点になります。もし矢印の向きを変えたい時には、矢印機能を設定する小窓（図17-3）で［Swap］（入れ替え）ボタンをクリックして下さい。bのLewis構造の描き方については既に説明しました。bでのC$^+$およびCl$^-$の電荷は、各原子のPropertiesの［q］でそれらの原子の電荷を指定することで描けます。例えば、C$^+$原子の場合、Properties小窓で［Atom］を指定、［q］をクリック、［Value］（荷電の値）のところに1を入力、そして最後に［Apply］のボタンを押せば＋の電荷がC原子の右肩に表示されます。

　このように化学反応を表現すると、化学反応の主役である電子の挙動がよく分かります。ただし、このような表現は基本的には正しいのですが、実際の状態を正確に表現しているわけではありません。これまでも何度かお話ししていますように、私たちが化学式や言葉で表現できるのは、現象の一断面です。この式で表現した現象は、個々の反応が区切りをつけながら段階的に起こるのではなく、一つの反応として連続的に進行します。ただ、各段階を追えば多分このように進んでいるはずであり、その解釈が正しいことは確認されています。

図18-5 aの反応はその発見者の名前にちなんで、Diels-Alder（ディールス・アルダー）反応と呼ばれるものです。二つのC原子を一段階の反応で結ぶことができるので、有機合成を行う時には非常に役に立つ反応です。したがって有機合成化学の基本になる反応の一つです。この反応には加熱が必要ですが、化学では加熱をΔ（デルタ）という記号で表します。このΔは先ほどのδの大文字ですので、フォントをSymbol状態にして、［Shift］キーを押しながら［D］のキーを押せば作れます（162ページ参照）。すでに何度か化学構造式の描き方を練習したので、図18-5 aの描き方は分かるかと思いますが、一つの流れを以下に述べます。見ないでできると思う読者は、まず自身で試してみて下さい。また筆者が紹介するのは、あくまで一つのやり方です。フォントの大きさなど図全体のバランスは、その図を使う目的にしたがって適宜変えて下さい。コンピュータの画面上で見やすいものが、必ずしも印刷したり、「PowerPoint」などを使ってプレゼンテーションする時に適切であるとは限りません。

　それでは順を追って説明します。第一に、 Structure モードにして、bのように、3種の化学構造を描きます。3個の化学構造式は縦方向にきちんと整列している必要はありません。 Draw モードにして3個の化学構造を選択して、 機能を使えば、3個の化学構造式の下端を揃えることができますね。第二に、左の2個の化学構造式では、すべてのC原子とH原子を表示した方が便利なので、これらを表示するようにします（c）。そのために、 モードにして二つの化学構造を選択し、選択した化学構造式の上にマウスを移動し、左ボタンをダブル・クリックします。Propertiesの小窓が開くので、そこですべてのC原子とH原子を表示するように設定し、C原子とH原子のフォントの大きさを同じ（この例では10ポイント）に設定します。H原子の数（n）のフォントは7に設定しました。第三に、 Structure で ＋ および → を用いて、化学反応であることを示します（d）。最後に Draw にして矢印の上下に反応条件である加熱条件を示すΔと反応に使用する有機溶媒benzeneを描き込めば、終了です。

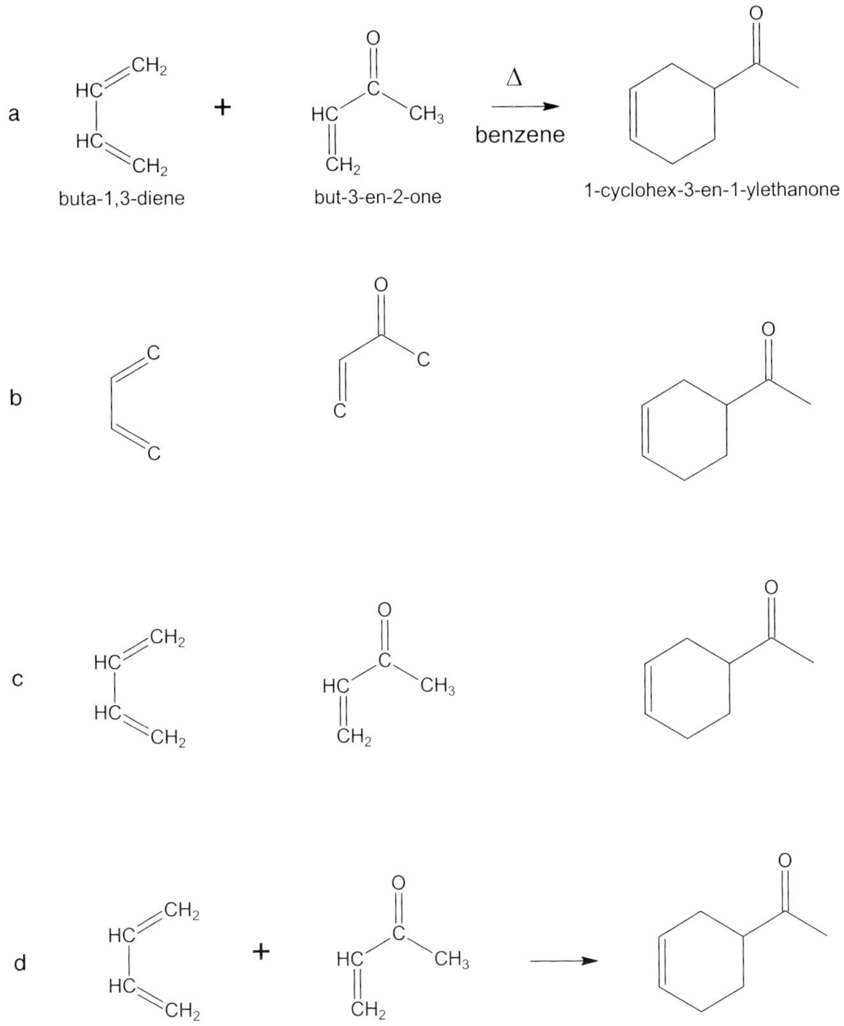

a buta-1,3-diene + but-3-en-2-one →(Δ, benzene) 1-cyclohex-3-en-1-ylethanone

b

c

d

図18-5

18. 化学反応式を描く

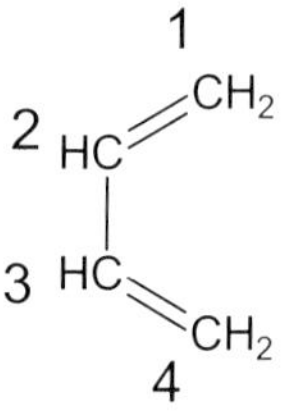

buta-1,3-diene
a

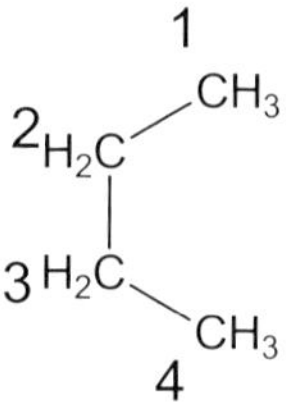

butane
b

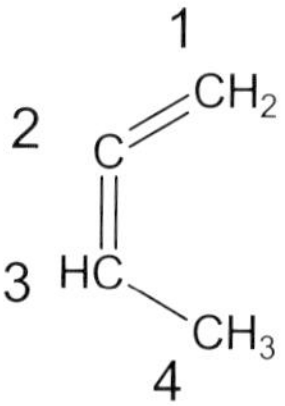

buta-1,2-diene
c

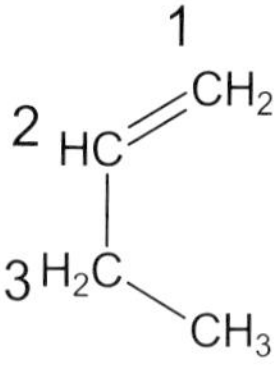

but-1-ene
d

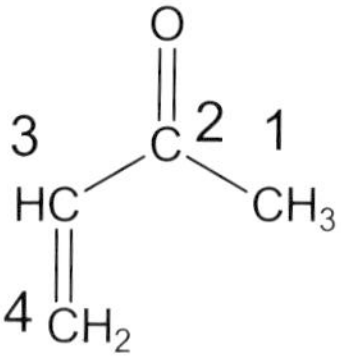

but-3-en-2-one
e

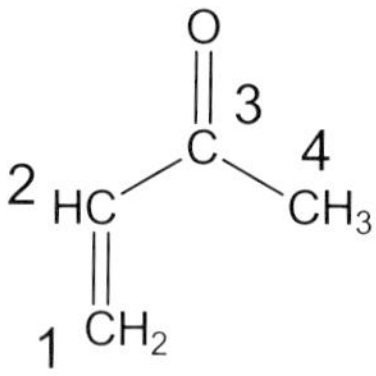

f

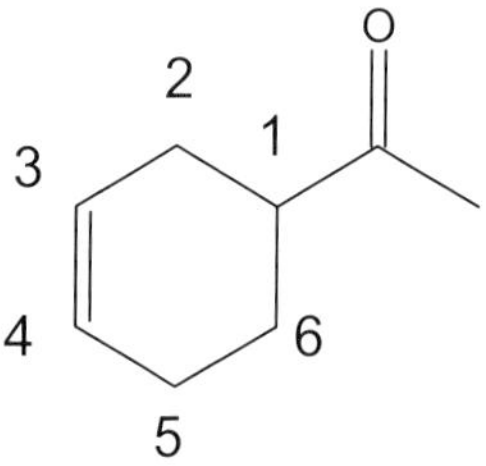

1-cyclohex-3-en-1-ylethanone
g

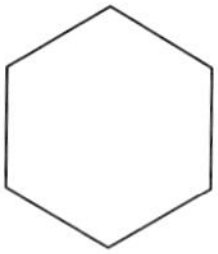

h

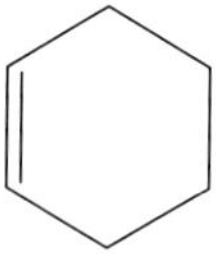

i

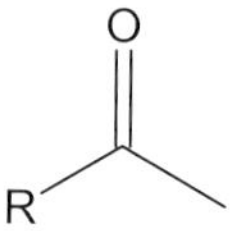

j

図18-6

この化学反応に現れた3種の化合物の名前を考えてみましょう。名前を調べるのは簡単です。各化合物を選択して、general toolbarの命名ボタン ☒ をクリックすれば、化学構造式の下に名前が示されます。まず左端の化合物について見てみましょう。図18-6 aのようにbuta-1,3-dieneという名前が付けられます。この化合物は4個のC原子からなり、二重結合を全く含まない化合物は図18-6 bに示すbutane（ブタン）ですので、butaneを基本骨格の名前に使います。二重結合はeneという言葉で表します。この化合物の場合、2個の二重結合を持つので、diene（ジエン）という言葉を使います。diは2個を意味します。したがって、この化合物の基本的な名前はbutadieneとなります。

　しかし、この名前では二重結合がどこにあるかを教えてくれません。二重結合を形成しているC原子の番号の内、若い番号を名前付けに用います。1番目の原子と3番目の原子が二重結合に関与していますので、buta-1,3-dieneとなります。もしbuta-1,2-dieneという名前の化合物であるなら、その化学構造は図18-6 cのようになります。また二重結合をいちばん端に1個しか持たない化合物の場合にはdieneではなく単なるeneですから、図18-6 dに示すように、buta-1-eneということになります。buta-1-eneとbuta-3-eneは全く同じ化合物になります。図18-5の2番目の化合物の場合も基本骨格はbutaneですが、どのようにC原子に番号をつけるかという問題が発生します。つまり、図18-6のeのようにつけるか、fのようにつけるか、です。

　IUPAC命名法は原子番号の大きな原子の方を基本的に優先する規則になっています。この場合、C原子に結合しており、C原子より原子番号が大きい原子はO原子のみであり、O原子が結合する原子の番号をなるべく若く（優先）することになります。eではその番号は2ですが、fでは3になりますので、eのような番号付けが採用されます。carbonyl基を表すにはoneという言葉を使います。C原子が4個からなる化合物で、そのどれかのC原子にcarbonyl基が結合している化合物の一般名はbutaoneとなります。

しかし、この名前ではcarbonyl基がどのC原子に結合しているか分かりません。eに示すように2位のC原子に結合していますから、but-2-oneとなります。この化合物では、さらに3位に二重結合がありますので、最終的な名前は、but-3-en-2-oneとなります。eneは語尾ではない場合には、最後のeを省きenとなります。

　この化学反応の生成物には、6員環があります。もし環の中に二重結合がない場合には、その化合物はhに示すものになり、この化合物はcyclohexaneと呼ばれます。cyclo（シクロ）は環状の化合物を表します。hexは6を表すギリシャ語です。6個のC原子が環を構成する化合物のことをcyclohexaneと言います。gの化合物の6員環には二重結合が入っています。二重結合はeneという言葉で表現しましたので、このような環はcyclohexeneとなります。語尾が変わることに注意して下さい。この環には更にjに示す置換基が結合しています。

　Rのところにはiの環が結合しています。この置換基は、ethanone（エタノン）と呼ばれます。oneはcarbonyl基を表すことは既に述べました。ethane分子の一つのH原子をcarbonyl基に置き換えた置換基のことをethanoneと言います。gの化合物は、二重結合の位置とethanoneの位置を区別するために、6員環のC原子に番号付けをする必要があります。ethanoneにはO原子が含まれるので、優位になりますので、gに示すような番号付けがされます。したがって、この化合物の名前は、1-cyclohex-3-en-1-ylethanoneとなります。-ylという接尾語は、環に置換基が結合していることを示します。

　ここでは複雑な化合物の名前の付け方について学びました。もし難しいと感じても、これは化学の本質ではないので、がっかりしないで下さい。名前を知るより、分子の化学的な性質を知る方が化学ではずっと大事です。名前については、新しい分子に出会った時に、ChemSketchで名前をチェックしてみて下さい。次第に、名前の付け方の方法が理解できると共に、分子を上手に覚える方法も体得していくでしょう。何でもそうですが、「習うより慣れろ」です。

19. 反応座標を描く

　水素分子（H_2）とヨウ素分子（I_2）を混合すると（**図19-1 a**）、ヨウ化水素（HI）分子ができます。反応が起こるためには、まず水素分子とヨウ素分子が衝突しなければなりません。衝突すると、二つの分子間に強い相互作用が働くため、水素分子を作る二つのH原子間の共有結合とヨウ素分子を作る二つのI原子間の共有結合が弱まり、同時にH原子とI原子間で弱い共有結合が生じます（図19-1 b）。次に、H原子とI原子間の相互作用が強まって、最終的にヨウ化水素分子が生じます（図19-1 c）。この反応が進むかどうかは、H原子およびI原子同士を結合させて分子を作っているエネルギー、H原子とI原子を結合させてHI分子を作っているエネルギー、そして反応の原料（H分子とI分子の混合物）にどの程度のエネルギーをかけるかによって決まります。

　水素分子の中でH原子同士を結合させているエネルギーの強さは436KJ/molです。このエネルギーのことを結合エネルギーと呼びます。KJ/molという値が何を意味するか分からなくても、けっこうです。大きい値ほどエネルギーが高いと考えてください。別の言い方をすると436KJ/molというエネルギーを与えると、水素分子は二つのH原子に分解できるということになります。同様にヨウ素分子の結合エネルギーは151KJ/molになります。H原子の方がI原子より軽いのに、なぜ結合エネルギーが高いのかと思った人は、科学的なセンスがあると思います。よい宿題の課題になるでしょう。ここでは種明かしはしないことにします。さてHI分子の結合エネルギーは299KJ/molになります。

　エネルギーや原子は反応の前後で、増えも減りもしませんから、簡単にエネルギーの収支計算ができます。元の混合物が持っているエネルギーは 436＋151＝587KJ/mol であり、反応後の生成物が持っているエネルギーは 299×2＝598KJ/mol となります。つまり11KJ/molも生成物は安定になります。それ

図19-1

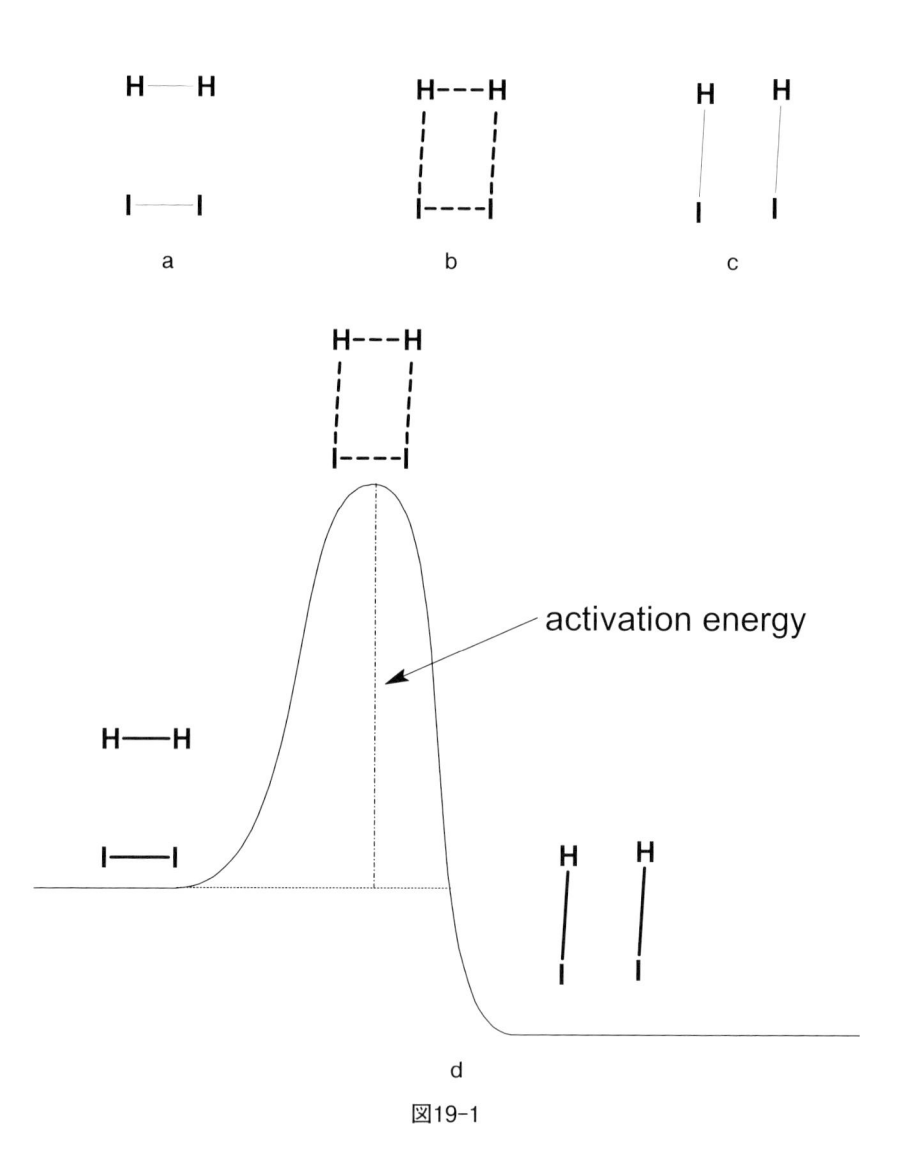

では、水素分子とヨウ素分子を混合すると、直ちにHI分子ができるのでしょうか？

実は図19-1 bの状態が非常に重要な役割を果たしています。H同士そしてI同士の結合が切れてしまえば、後は一気にHI分子になるのですが、その弾みをつけてやるには、もとの結合エネルギーに相当するエネルギーだけを与えても、反応は進みません。分子同士が衝突する頻度を高め、反応を起こしやすくさせるには、かなりのエネルギーが必要になります。このエネルギーのことを活性化エネルギー（activation energy）と言います。その様子を描いたのが、図19-1 dです。この活性化エネルギー以上のエネルギーを与えない限り、化学反応は起こりません。

ChemSketchでは図19-1 dのような図も描くことができます。このような図はなかなか手書きではきれいに描けないのですが、ChemSketchでは比較的容易に作成することができます。**図19-2**で順を追って描いてみます。

この図を描くには、まず Draw モードにします。menu barの［Options］で［Show Grid］（グリッド（格子）表示）をチェックして、画面にグラフを描く目安のグリッドを表示します。Polyline（曲線）を選択します。図19-2で番号を振った場所ごとにマウスの操作を変更します。

1の点は適当なグリッド（点）上に選びます。マウスのポインタをその点に置き、その点で左ボタンをクリックし、そのままポインタを2の点まで移動します。2の点まできたら、そこで左ボタンを押しながら、水平右方向にドラッグします。ドラッグするにつれ、横に線が現れますので、左右の長さがちょうど2グリッドに渡るまでドラッグします。そこまでその線が広がったら、マウスを上方向に移動させます。高さ方向に9グリッド、右方向に4グリッドの3の点まで移動したら、そこで左ボタンを押して、右方向にドラッグします。再び線が現れますので、それが水平で長さが2グリッド分になるようにします。その長さまで線が広がったら、左ボタンから指を離して、4の点までポインタ

図19-2

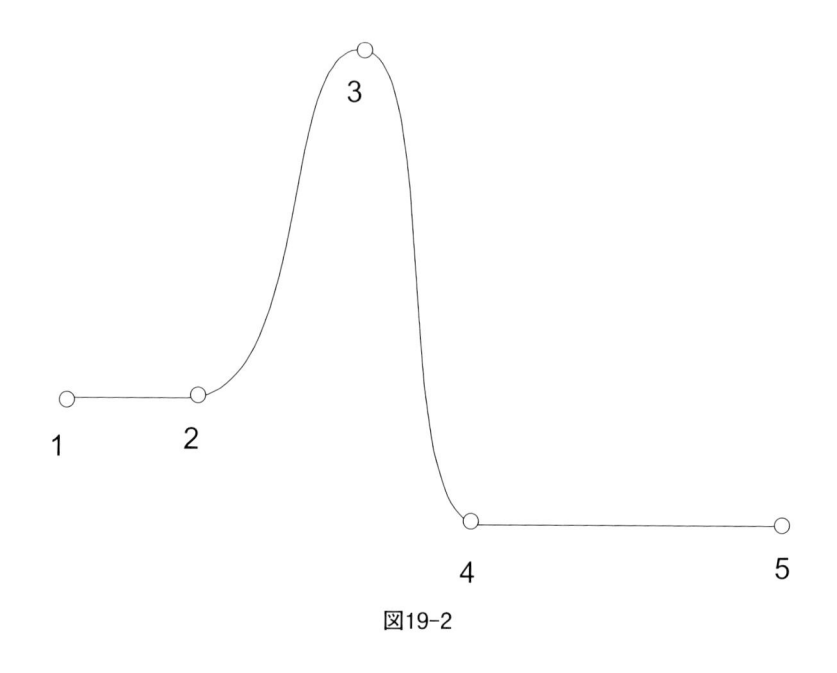

を移動します。4の点で、左ボタンを押して、水平右方向に再びドラッグして、線の長さを2グリッド分まで広げます。その点で左ボタンから指を離し、5の点までポインタを移動します。5の点で一度左ボタンをクリックした後、右ボタンをクリックして、描画を停止します。以上の操作がうまく行えると、図19-2のような図が得られます。

　きれいに描くには、各点でしっかりマウスのボタンを押したり、離したりすることと、各節目のところで正しく水平方向にドラッグすることです。水平からずれると曲線の形状が大きく歪みます。中途半端に押すと、線が乱れます。上手な形ができない時にはやり直しですが、曲線を微妙に変える場合には、Edit Nodes（曲線の節目の編集）機能を使用することで、調節できます。

いったん描いたグラフを選択すると、マウスの左ボタンをクリックした点（図での1から5までの点）に小さい□が現れます。これらの点が、曲率を変えることのできる節目の点です。その点にポインタを移動し、左ボタンを押して左右上下にドラッグすることで、それらの点を移動することが可能になります。移動に伴い、曲線も変化します。ただし、この機能では軽微な修正はできますが大きな修正はなかなかできません。

　次に、図19-2に横軸と縦軸を描き入れます。これも、もちろん Draw モードで行います。作業を始める前に、メインメニューの［Options］で［Snap on Grid］（グリッドに線がキチンと載るように線を描く機能）をONにしておきます。これを設定しておきますと、横軸と縦軸が間違いなく直交するように描くことができます。再び、Polyline機能 を選択します。矢印を描くために、矢印機能 を選択します。Arrow（矢印）の小窓が現れますので、その小窓の左上にあるメニューから双方向性の矢印 を選択します。**図19-3**の1の点にマウスのポインタを置き、左ボタンでクリックします。その後、座標系の原点である2の点までポインタを移動し、2の点で一度左ボタンをクリックし、今度は水平方向にポインタを移動し、3の点で左ボタンをクリックして、x軸方向の軸の描画を終了します。その点でマウスの右ボタンをクリックして、この作業を終了します。反応が進む様子を表すこのようなグラフを反応座標（reaction coordinate）と言います。

　x軸およびy軸の説明を入れるには、既に説明したText機能 を使います。ここでは、横軸にReaction Coordinate（反応座標）を、縦軸にはEnergy（エネルギー）を書き込みます。横軸の文字の入力は単純です。縦方向の文字は、まず横書きで作り、その文字を選択した状態で、90°回転機能 を使い、縦軸付近の適当な位置におきます。完成すれば、図19-3のようになります{movie:reaction coordinate}。

　このような図は一度描いて保存しておけば、時間の節約になるだけでなく、

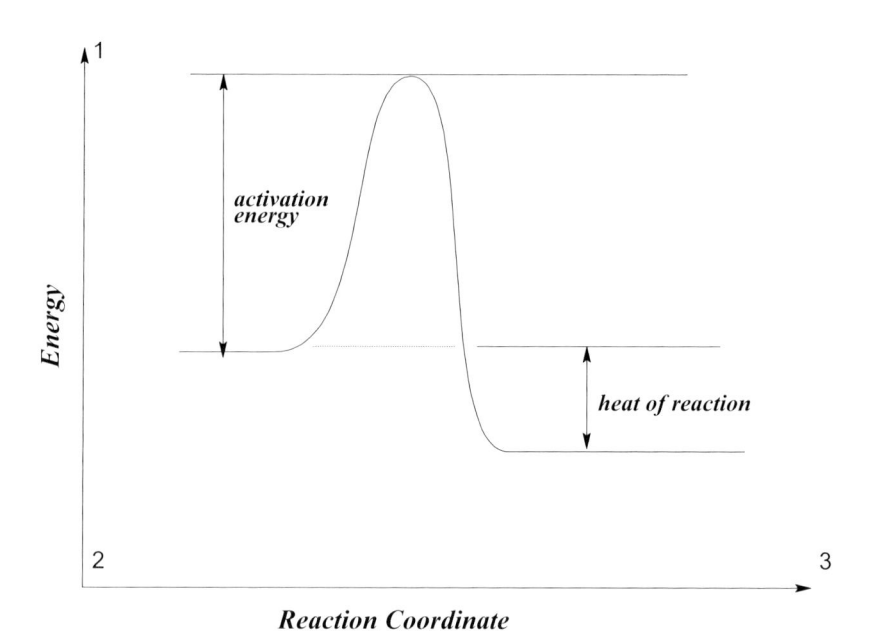

図19-3

見やすい図をいつでも使うことができます。

この図で、activation energyは活性化エネルギーを、heat of reaction（reaction heatとも言う）は反応熱を意味しています。このように活性化エネルギーが高いとなかなか化学反応が進まないことがあります。この活性化エネルギーを下げて反応を進み易くする物質が触媒（catalyst）です。この図で反応が左から右に進む場合を正反応と言います。正反応の場合、生成物のエネルギーは反応物のエネルギーより低く（安定に）なりますので、安定になる分だけ、反応熱を外に放出します。このような反応を発熱反応といいます。それに対して、反応が右から左に進む場合を逆反応と言います。この方向に反応が進むには、熱を

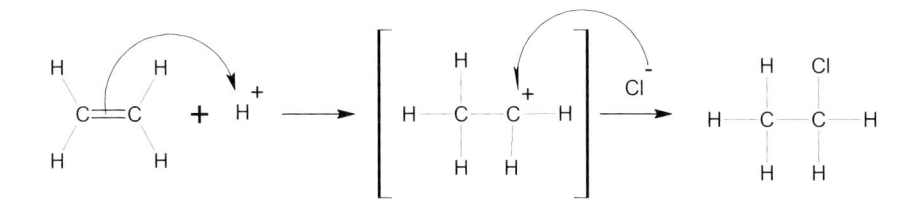

reaction intermediate

図19-4

外部から吸収しなくてはなりません。このような反応を吸熱反応と言います。

　反応が起こる過程で、反応座標に複数の山が表れる場合もあります。**図19-4**にはその反応の例を示します。ethylene分子にHCl（hydrogen chloride：塩化水素）分子が結合して、chloroethane（クロロエタン）ができる反応です。この反応では、まずhydrogenchlorideがH^+とCl^-に解離します。解離したH^+をethylene分子の二重結合の電子が攻撃します。すると中央に描いたような状態が生じます。

　このような反応の中間にできる状態を反応中間体（reaction intermediate）と言います。この反応中間体は、C原子に＋の電荷が存在するので、carbocation（カルボカチオン：炭素陽イオン）と呼ばれます。このcarbocationの＋に帯電したC原子に、chloride ion（塩化物イオン：Cl^-）が反応して、最終的にchloroethaneが出来上がります。

　この反応の反応座標は**図19-5**のように描けます。反応中間体であるcarbocationの状態は決して安定ではありませんが、その前後にさらに不安定な遷移状態（transition state）という状態があります。この反応では、まず第一の遷移状態を乗り越え、いったん反応中間体で少し安定になり、第二の遷移

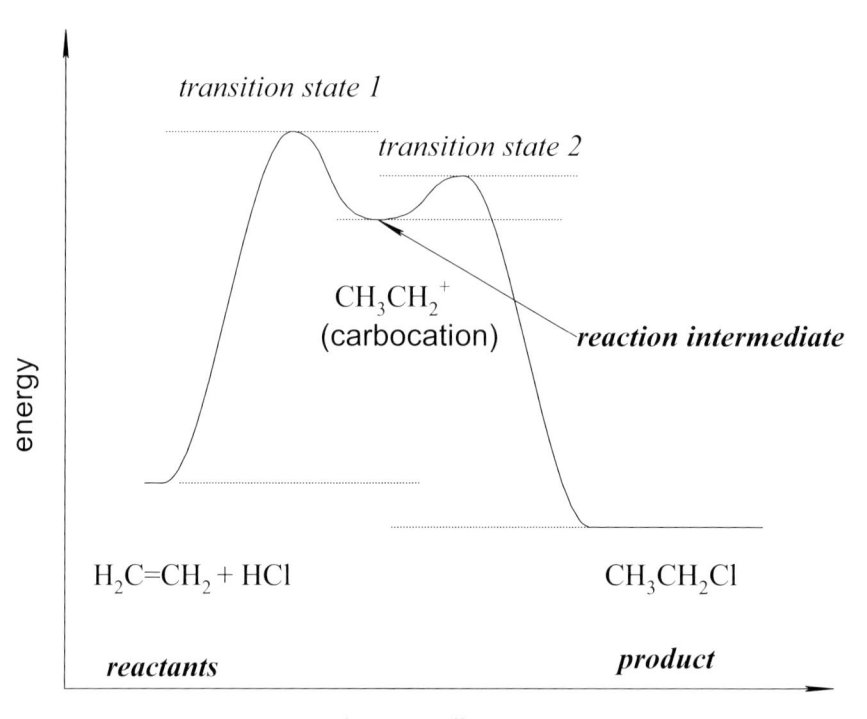

```
                    transition state 1
                          transition state 2

                        CH₃CH₂⁺
                       (carbocation)        reaction intermediate
  energy



         H₂C=CH₂ + HCl                    CH₃CH₂Cl

           reactants                       product

                      reaction coodinate
```

図19-5

状態の山を越え、最終的にこの反応系では最も安定な生成物に到達します。「一つ山越し、二つ山越し、大願成就」というわけです。多くの化学反応では、途中の過程で複数の山を越すことが必要になります。この図は上手に描けるでしょうか？　トライしてみて下さい。そして、反応の途中には遷移状態という、越さなくてはならない山のあることを実感してみて下さい。

20. 実験装置を組み立てる

　化学に限らず、科学の勉強は決して教科書だけから学ぶものではありません。科学を勉強する上で、本来もっとも重要なことは、実際に科学的な事柄がどのように起こっているかを体験することです。

　実際に試してみることを実験と言います。実験を行うには、いくつかのお膳立てが必要です。理科室や化学実験室に行くと、多くの実験器具があり、これらを組み合わせることで実験を行います。生徒や学生が実験を行うには、まずそれらの器具を目的に応じてどのように組み合わせるかを学ぶ必要があります。実際に実験すべき内容を十分理解していないと、確認をすべき目的が達成されないだけではなく、非常に危険なことがあります。実験を行う場合には、まず器具を実際に組み立てる前に、組み立てた装置で何が起こるかを十分に検証する必要があります。そういう目的で、実験装置の絵をなるべく正確に書かなければなりません。

　ChemSketchには、化学実験で使う一般的な装置の図がたくさん用意されていて、それらをコンピュータ上で組み立てることができます。もちろん、 Draw の機能を使って、種々の化学実験器具を作り出すこともできますが、たいていの用途には、既に用意されているものを使えば十分です。

　 Draw モードにして、menu barの［Templates］（テンプレート）を選択し、［Template Window...］を開きます。左端にあるメニューから「Lab Kit」（実験室で使う器具のキット）を指定すると、まず図20-1のような画面が現れます。画面の上には、現在指定しているテンプレートの種類（今の場合Lab Kit）とそのテンプレートの何枚目かが示されています。今の場合、1(7) Basic Kitが表示されています。Lab Kitには7枚のテンプレートがあり、かなり多くのガラス器具などの絵が入っています。7枚の内容は、1(7) Basic Kit（基礎セッ

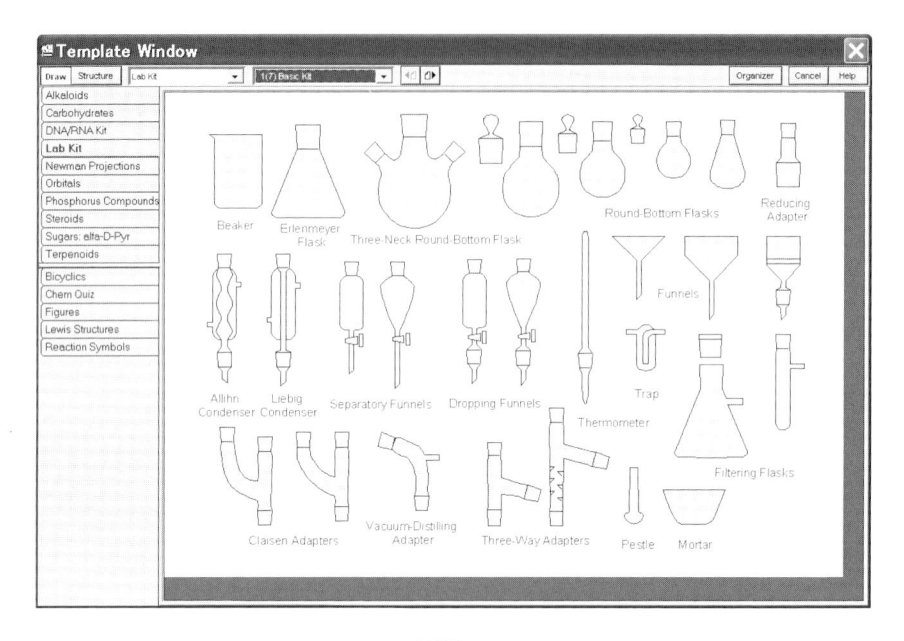

図20-1

ト)、2(7)Apparatus 1（器具1）、3(7)Apparatus 2（器具2）、4(7)Flasks（フラスコ類）、5(7)Adapters & Condensers（アダプターとコンデンサー）、6(7)Analytical（分析実験用）、7(7)Burners, Beakers, Crucibles（バーナー、ビーカー、ルツボ）です。

　論より証拠、まず簡単な図を描いてみましょう。

　物を水に溶かすということは、化学実験の基礎の基礎です。物（化学では化合物）を溶かすことは、日常的には料理などで行いますが、実はいつでもそう簡単に上手くいくわけではありません。化学の実験を実際に数多くやったことがない方は、意外なことに思われるかも知れませんが、水や有機溶媒に物をき

れいに溶かすということで、化学者はけっこう苦労していることが多いのです。

化学では純粋な分子を取り出すこと、つまり精製が一つの重要なテーマになります。分子を精製する最も簡単で、非常に役に立つ方法が、再結晶です。古くから使われている方法ですが、今でも非常に重要な方法です。再結晶（あるいは簡単に結晶化）する方法は実に簡単です。物質をまず水などの溶媒にきれいに溶かします。きれいに溶かすとは、固体が全くなくなるまで溶かすということです。

通常は物質ごとに、溶媒に溶ける量が決まっています。それを溶解度という言葉で表します。普通は100グラムの溶媒に溶けるその物質のグラム数で溶解度を表します。したがって、溶解度以下の量であれば、簡単に溶けそうですが、これがなかなかそうはいかないことがあります。そこで、温度を上げると溶解度が増す物質の場合には、溶媒の温度を上げ、さらに溶媒をよく撹拌することが必要になります。料理の場合も同じですから、容易に想像がつくかと思います。溶けないなら、加熱し、撹拌するのです。

図20-2には、この再結晶の手続きを示しました。まずビーカーを用意します（a）。そこに再結晶する化合物を溶ける量だけ入れます（b）。溶媒（例えば水やalcohol（アルコール）を入れます（c）。このままですと溶けないので、溶液を加熱します（d）。昔はガスバーナーやアルコール・ランプで加熱しましたが、最近では図のように電熱器で加熱することが多くなっています。直火を使わないので、ずっと安全です。dのような器具では、マグネティック・スターラー（magnetic stirrer）（ビーカーの底に沈んでいる黒い棒）と呼ばれる磁石をテフロンで覆ったものを使い、溶液を撹拌することができます。十分に溶解できたら、その溶液を静かでクリーンなところに置きます。温度が高いほど溶解度が大きい化合物の場合であれば、静置することで、徐々に溶液の温度が下がり、遂には化合物が溶けていられなくなる温度になると、化合物同士が集

a b c

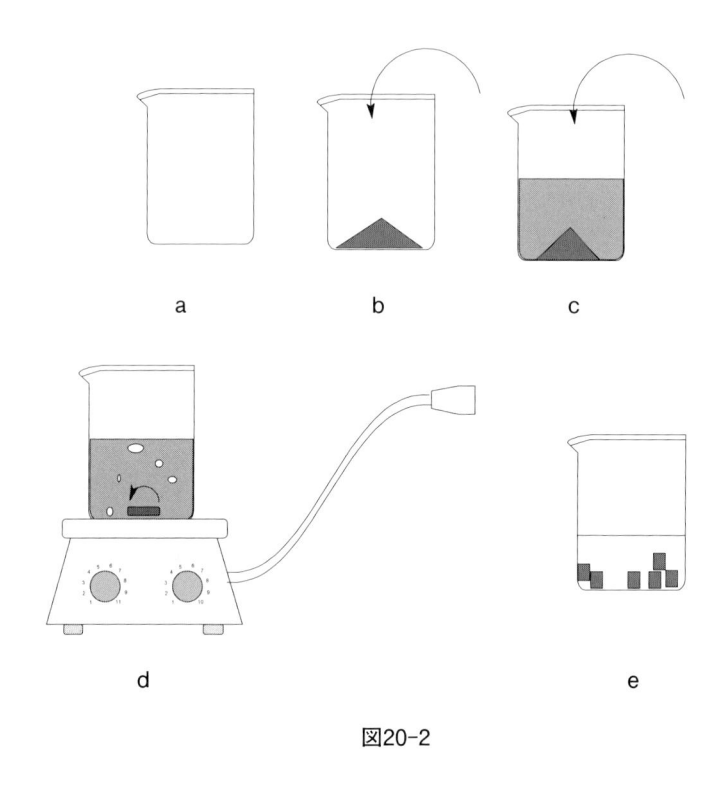

d e

図20-2

合して結晶を作り、ビーカーの底や壁に結晶が析出します (e)。

それでは、図20-2を描いてみましょう。

作図ですから Draw モードにします。第一にビーカーを用意します。menu barの [Templates] から、[Template Window...] を開き、左側にあるメニューから「Lab Kit」を選択します。もし画面左側のメニューに「Lab Kit」が表示されていない場合には、メニューの上の Structure ボタンの右側にある小窓の中で「Lab Kit」を探して、マウスの左ボタンをクリックして下さい。左側のメ

ニューに「Lab Kit」と表示され、7枚あるテンプレートのどれかが表示されます。7(7)Burners, Beakers, Crucibles（バーナー、ビーカー、ルツボ）を指定して、適当なビーカーをクリックして下さい。そのままChemSketchのworkspaceにポインタを移動します。するとマウスのポインタのところにビーカーが表示されます。適当な場所で左ボタンをクリックすれば、ビーカーが描けます。

　ビーカーの大きさが気に入らなければ、適当なサイズに変えることも可能です。そのためには、Select/Move/Resizeモード ▢ に切り替え、このビーカーを左ボタンでクリックします。すると、ビーカーの周りに、8個の黒く小さな四角が表示され、ビーカーが選択されます。これが表示されると、このビーカーの形を変形できます。これが表示されない場合には、▢ モードになっていることを確認して、もう一度図をクリックして下さい。黒い四角のところにポインタをもっていきドラッグすれば、この図を縦横方向に拡大縮小が可能です。適当な大きさのビーカーを作ってください。ビーカーの注ぎ口の方向は右がよいという「天邪鬼」の人は選択した状態で、Flip Left to Right（左右反転）機能 ▢ を指定して下さい。もちろん、ビーカーを逆さにすることだってできますし、少しだけ傾けることもできます（Select/Move/Rotate機能 ▢ を使います）。

　このビーカーには、上まで溶液が入っている気がしませんか？　溶液を出して空にしましょう。そのためには、またビーカーを選択して、この画面の下にある色のパレットから白を選択します。すると中身が空になったビーカー(a)が作れます。次に、適当な化合物をビーカーに入れます。底の方の化合物の粉末の山は、Polygon機能 ▢ を使います。この機能は任意の多角形を描く機能ですから、三角形を描くのは簡単です。この三角形に色をつけて、化合物らしくしましょう。先ほどのようにこの三角形を選択して、下の色のパレットから好みの（もちろん化合物の）色を選んでください。化合物を加えるという動作を表したいのなら、bのように弧の矢印を描きます。

20. 実験装置を組み立てる　*141*

次に、溶媒（例えば水）をこのビーカーに加えます（c）。cの図を作るには、いくつかの方法があります。一つは、先ほど使ったPolygon機能☑を使って、溶媒の部分を描く方法です。これはかなり熟練が要ります。図が小さいと作業がし難いので、一般ツールバーの拡大率（[Zoom]）のところを200%にします。この程度にすると、作業は容易になります。ビーカーの壁にそって多角形を描き、加えるべき溶媒の量を描きます。描き終わったら、この部分を選択し、溶媒の色を指定します。化合物が少し溶けている臨場感を出すには、化合物の色で少し明度の高い色を指定するとよいでしょう。

　次に、この化合物溶液を加熱して、化合物をきれいに溶解します。加熱するには、ここではマグネティック・スターラー付きの電熱器を使います。この器具は、2(7) Apparatus 1にあります。マグネティック・スターラーは角を丸めた四角を描く機能☐で描き、ここでは中を黒く（市販のものはたいてい白いのですが）します。加熱によって溶媒があわ立つ様子を表すために、楕円機能○で小さな楕円を描きました。きれいに化合物が溶けた溶液を静置すると、溶媒が蒸発して溶解度が下がり（温度も下がります）、結晶が析出しますが、それに伴い溶媒の量もちょっとだけ少なくなり、その色は元の溶媒の色になります。水の場合なら透明になります。

　次に、もう一つ簡単な実験をしてみましょう。有機化合物を分離する簡単な方法は、溶媒への溶解性の差を利用することです。ヨウ素が混じってしまったpotassium iodide（ヨウ化カリウム）水溶液からiodine（ヨウ素）を分離する実験手順を考えます。cyclohexane（シクロヘキサン）は水に溶けませんが、iodineをよく溶かします。一方potassium iodide（日本語ではKのことはカリウムと言いますが、これはドイツ語読みで、英語ではpotassium（ポタシウム）と言います）はcyclohexaneには溶解せず、水に溶解します。これらの性質を用いれば、iodineとpotassium iodideを分離することができます。**図20-3**にその操作を図解しました。まず操作を説明しましょう。

図20-3

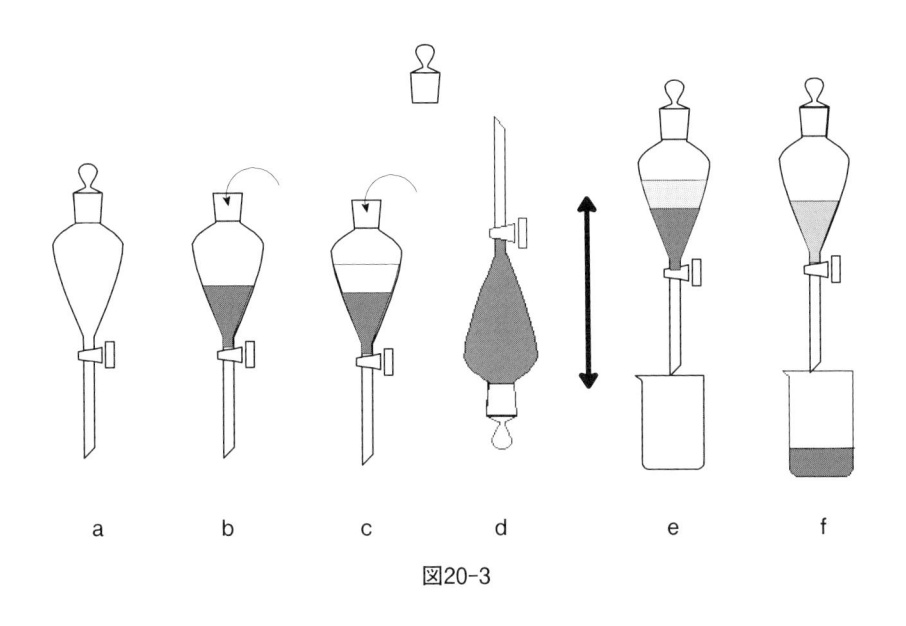

　第一に、分液ロートというガラス器具を用意します (a)。第二に、分液ロートの下のコックがきちんと閉まっていることを確認して、iodineを溶かしたpotassium iodide水溶液（褐色）を分液ロートに入れます (b)。第三に、cyclohexaneをこの分液ロートに入れます。cyclohexaneの比重は軽く、cyclohexaneは水に混ざらないので、褐色の水溶液の上に透明なcyclohexaneの層ができます (c)。第四に、上のガラス栓をし、分液ロートを逆さまにして、よく振り混ぜます (d)。第五に分液ロートを元の位置に戻し、しばらく放置します。すると水とcyclohexaneは混ざらないので（いわゆる水と油の関係ですから）、次第に二つの層に分離します。もちろん、下は水層で、上がcyclohexane層になります。iodineは水には溶けず、cyclohexaneには溶けますので、上のcyclohexane層には薄い色がつきます (e)。第六に、静かに下のコックを回し

図20-4

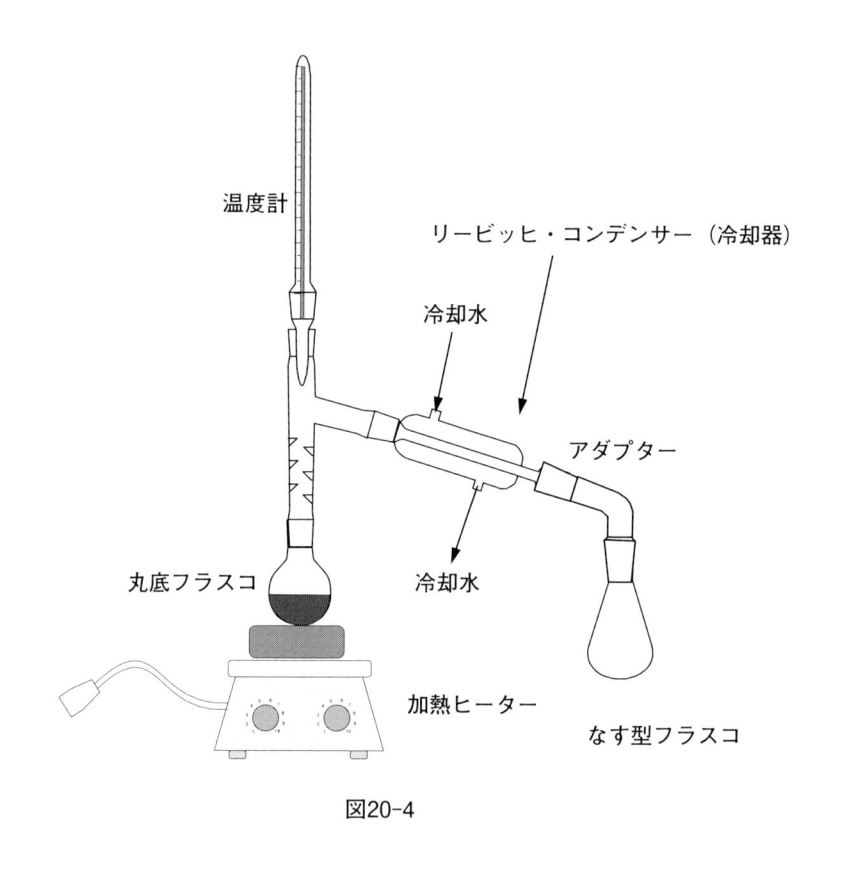

て開き、水層を流します。最終的に、iodineのみを含んだcyclohexane層を得ることができます (f)。この操作の一連の図を描いてみましょう。

　最後にもう少し複雑な装置を組み立ててみましょう。複数の有機溶媒が、混ざっている混合溶液を考えます。この混合溶液から、いくつかの溶媒成分を純粋な形で分離したいとします。これを行うには、普通蒸留という化学的な操作

が使われます。蒸留を行う装置はたいていの教科書には書かれています。それをまねて組み立てたのが**図20-4**の装置です。

　原理は簡単です。丸底フラスコの中に混合物を入れます。丸底フラスコの上に二股になったガラス管をつけます。二股の一方の真上にある管の先には温度計をつけます。もう一方の先にはリービッヒ・コンデンサー（またはリービッヒ管）と呼ばれる、やはりガラス管を取りつけます。この管は二重構造になっています。内側の管には、加熱されて気体になった分子が通り、外側には水が通ります。この水によって、気体になった分子は冷却され、液体になり、右下のなす型フラスコに集められます。温度を徐々に上げ、特定の分子の沸点付近になったところで得られる液体は、その沸点を持つ純粋な分子ということになりますから、この装置を使うことで純粋な分子を得ることができます。もちろん、揮発性のある分子でないとこの方法は使えません。

　ところで、図20-4の装置は、注意して組み立てたのですが、大きな誤りがいくつかあります。それをチェックしてみましょう。3点あります。1番目は温度計の位置が高すぎるところです。この位置で測った温度を沸点とすると、沸点が少し高めの分子を蒸留してしまいます。いずれにしても、得られる分子の純粋性は損なわれます。温度計の先端は、ちょうど二股のところになければなりません。2番目の誤りは、冷却水を流す方向です。この図では上から入れて、下に出しています。この流し方ですと、リービッヒ・コンデンサーの下の方が十分に冷えません。したがって、蒸留にかかる時間が長くなるばかりか、やはり得られる分子の純粋性が損なわれます。

　これまでの誤りは、どちらかというと、得られる分子の純粋性だけの問題で、後でやり直しをすればよいことですが、3番目の誤りはかなり重大です。それはアダプターの部分にあります。この実験装置では、圧力が抜ける場所がありません。丸底フラスコで加熱され気体になった分子が十分効率的に液体になり、なす型フラスコで集められれば問題はないのですが、もし液化する効率

が悪い場合、そして特にこの装置の場合には正に冷却効率が悪いものですから、気体が装置内に充満して、その圧力で装置が破壊される恐れが十分あります。破損しないまでも、装置のどこかが圧力に耐えかねて外れてしまう可能性があります。蒸留中の液体が引火性や毒性であれば、大きな事故につながります。このように、実験に先立ち、装置の図を何度も確認して、その安全性や効率性を確認することは大変重要です。そういう意味から、なるべく正確な実験装置の図を作ることは大変意味のあることです。

　それでは、この装置の正しい組み立て方を示しましょう。図20-5にそれを示します。まず温度計をもう少し下まで入れ、蒸留する目的の分子の沸点を正確に計れるようにします。冷却水の流し方は、単純に下から上にします。爆発を防ぐために、リービッヒ・コンデンサーとなす型フラスコをつなぐアダプターを変えました。もう一つ穴のあるものを使います。この穴からは空気が抜けるようにします。穴を単に開放しておくより、ここに真空ポンプやアスピレータのように積極的に装置内の空気を抜く装置を取り付けると、蒸留は能率的になります。またここには示しませんが、なす型フラスコを氷などで冷却するとさらに蒸留の効率は上がります。

　図20-5にはもう一つ細かい変更点があります。丸型フラスコの底に沸石というものを入れました。液体を加熱し、温度が沸点の近くになると、突然沸騰が大きなスケールで起こることがあります。つまり液体の内部で爆発的に蒸気の泡が発生する現象です。これを突沸と言います。突沸が起こると、液体が激しく飛び散り、丸底フラスコの上にあるガラス管の上部にまで、不純物を含んだ液体が飛び散ることになります。それがリービッヒ・コンデンサーに入れば（そしてその可能性は高い）、せっかく精製してきた液体が汚れてしまうことになります。また爆発的に沸騰するために、気体が大量に発生し、冷却やガス抜きが間に合わないと、装置が最悪の場合には破壊される恐れさえあります。沸石には、毛細管や多孔質の（微細な穴がたくさんあいている）素焼きの破片な

図20-5

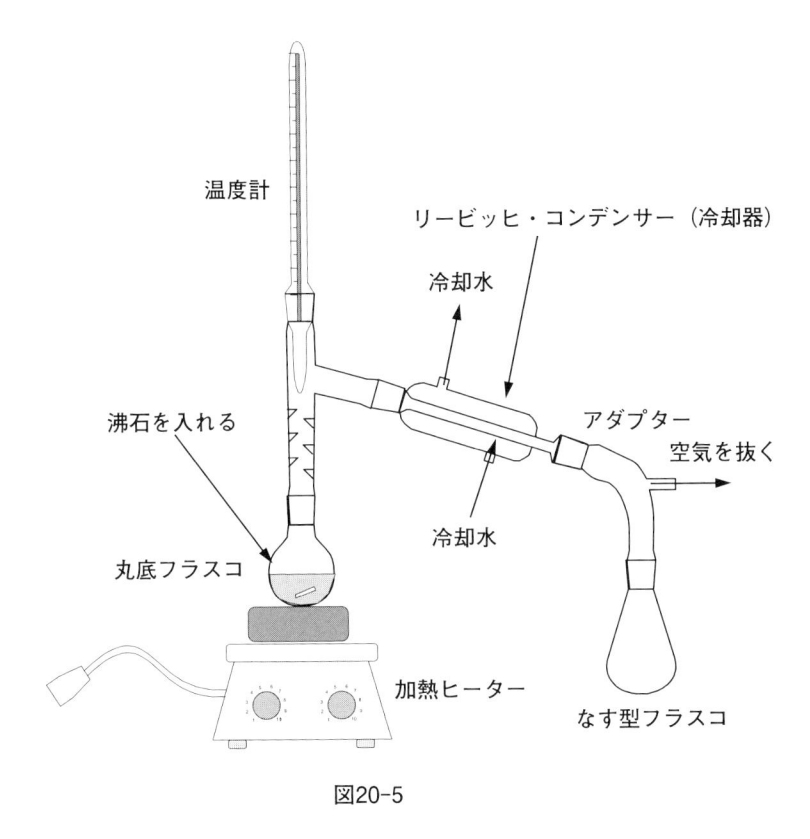

どが使われますが、その微細な穴のところで連続的に泡（気体）が発生するため、突沸は起こらなくなります。実際に蒸留をしてみれば分かりますが、沸点近くになると、沸石から非常に細かい泡が絶えず湧き出てくることが観察されます。

　事故になると困るので、実際にやってみることはお奨めしませんが、沸石なしで実験をすれば、その恐ろしさが分かります。私は、大事に至らない程度に

危険な状態を体験することも非常に重要なことだと思いますが、それを実現するのはなかなか難しいのが現状です。

　私が学生の頃には、多くの危険なことを身をもって体験することができましたし、痛い（あるいは熱い）思いもたくさんしました。自分でしなくても、他の学生の大変な様子を目の当たりにすることもずいぶんありました。これらの経験は、非常に役に立ってきたのは言うまでもありません。危険な装置や危険な物質が、どの程度危険かを身をもって知ることができたのです。したがって、全く初めて行う実験でも、どこに危険が潜んでいるか、またはその危険の大きさはどの程度かを予測することがある程度できるようになったわけです。また危険な状態になった時に、ある程度冷静に対処できるようになったとも言えます。

　少なくとも化学実験については、この節で説明したように、実験の装置を組んだら、それでどのようなことが起こるかを、実験装置の図をもとに十分考えることで、危険をかなり回避できます。このような操作を「思考実験」と言います。最近では似た意味の言葉である「シミュレーション」を使う方が多いようです。他の科学の分野でも、もちろん使われる手法です。単なる実験装置の図解ではないことに注意して下さい。したがって、教科書などに書いてある実験装置の図を見る時も、なぜそのように組んであるのか理由をよく考え、かつそれで本当にきちんとした実験ができるのか、そして安全なのかを十分に考察する必要があります。

　レオナルド・ダ・ビンチが描いたような精巧な装置の図を描くことは科学的には非常に重要なことです。そして科学的にも意味があり、機能的にも価値のあるものは、簡潔であり美しくすらあります。この点からもダ・ビンチは言うまでもなく天才です。問題点があるものは、どこかしらバランスを欠くものです。何か変だなと思ったら、迷わずチェックをすることをお奨めします。

　図20-5を描く手続きを簡単に見てみましょう。ちょっとインチキ臭いやり

方になりますが、まず出来上がった装置を分解するところからやってみましょう。もちろん最初から部品を組み上げることもできます。

「Lab Kit」の中の2番目にApparatus 1があります。この中にそのものずばりの蒸留装置があります。この図は大きく分けて二つの部分からできています。一つはガラスでできた装置の部分で、もう一つは加熱用のヒータ部分です。まずガラス部分を選択します。マウスのポインタをこの部分に移動すると、装置の周りに四角の枠が表示され、その部分が選択されたことを示します。その状態でマウスの左ボタンをクリックすると、Template Windowは消え、workspaceに画面は変わり、選択した装置がマウスのポインタの先に現れます。この状態でマウスの左ボタンをクリックすると、一つの図が表示されその周りに、例によって選択状態を示す小さな四角が8個現れます。同時に薄くもう一つの装置も見えます、左ボタンをクリックすればもう一つworkspace上にコピーできますが、ここでは一つで十分なので、右ボタンをクリックします。画面には1個の装置だけが残り、その周りにはやはり8個の小さな四角が現れて、この装置が選択状態であることを示します。

ここでもう一度左ボタンをクリックすると、四角は消え、この装置が図20-6 aのようにworkspace上に表示されます。この図では、装置内部が灰色になっていますが、それをまず透明な状態にしましょう。この装置の上にマウスを移動し、左ボタンをクリックして選択します。選択状態で、画面の下にあるcolor palette（カラー・パレット）から白を選んで左ボタンでクリックして下さい。bのように、ガラス器具内部が白くなります。温度計のところだけは灰色のままです。次に、このガラス器具を部品に分解します。もう一度左ボタンをクリックして、装置全体を選択してください。この状態でGroup/Ungroup（グループ化/非グループ化）機能 を選択します（ここではUngroupを行ったことになります）。すると先ほどと異なって多くの四角が装置の上に現れます。これは装置が部品に分解され、各部品がそれぞれ選択されたことを示しま

図20-6

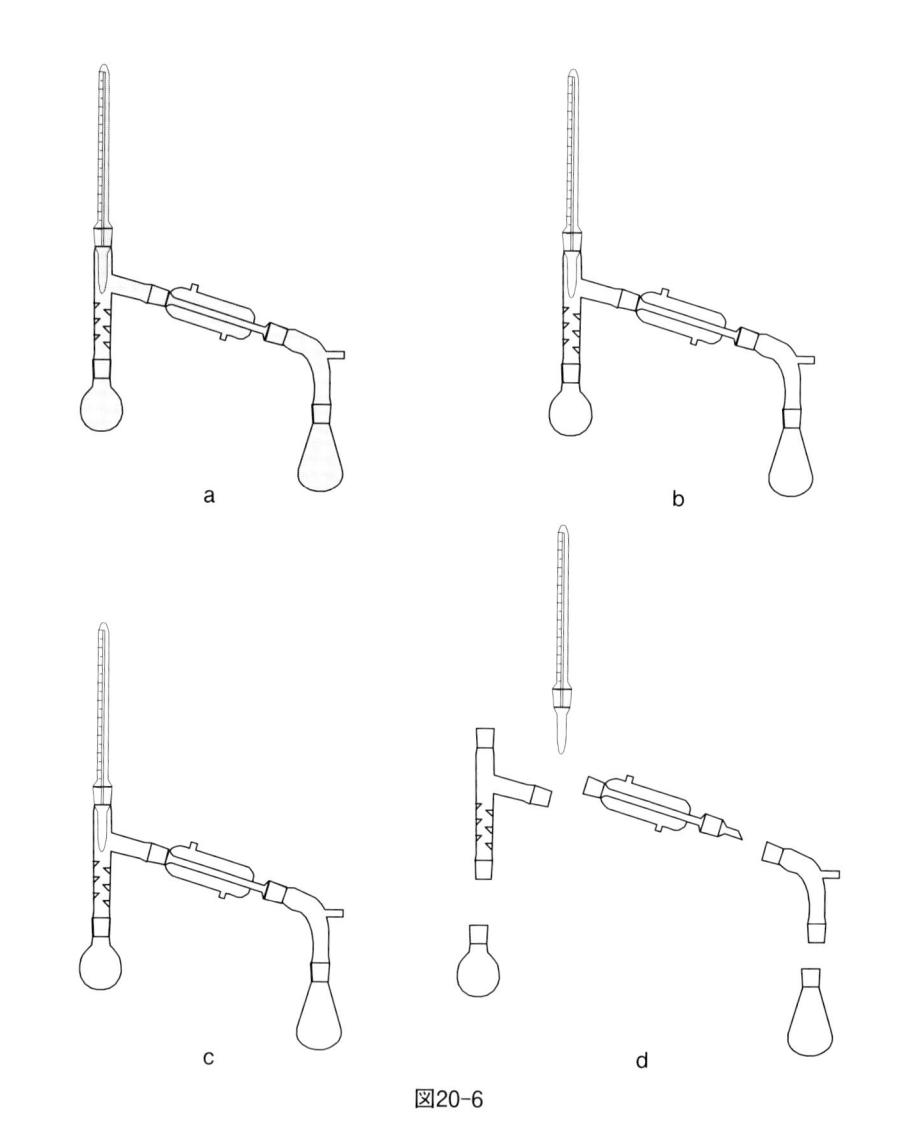

150

す。ここでマウスの左ボタンをクリックすると分解が完了します。完了した状態がcです。外見はbと全く変わりませんが、ポインタをガラス器具に近づけてみて下さい。小さな四角の枠が各部品の周りに表示されます。つまり、各部品を別々に扱うことができるようになったことを示します。

例えば、なす型フラスコの上にポインタをもって行き、左ボタンをクリックしてみて下さい。なす型フラスコの周りに最初に表示された四角の枠が、小さな8個の四角の付いた枠に変わり、このフラスコが選択状態になったことを示します。この状態で左マウスを適当にドラッグしてみて下さい。ナス型フラスコを装置から外すことができます。このように部品全部を分解した様子をdに示します。Apparatus 1やApparatus 2にある装置は、このように部品に分解して使用することができます。

組み立てるのは、この全く逆を行えばよいのです。したがって、部品を入れ替えることも自由自在です。bのようにもとの装置を作り上げると、最初はすべて部品の集まりの状態になっていますが、このままですとうっかりマウスで部品の一部を動かして、装置を壊してしまう恐れがあります。そこで先ほど使ったGroup/Ungroup機能を再び使い、今度はグループ化します。そうすると装置全体が一つのものとして扱えますので、誤って壊す危険がなくなります。部品を入れ替える必要がある時には再び非グループ化すればよいわけです。図20-5では、加熱ヒーターで丸型フラスコを暖めていましたので、これを丸型フラスコの下に取り付ければ、図の完了です {movie:distillation}。ChemSketchでは日本語が使えませんので、図20-5のようなコメントを図の中に貼り込むことはできませんが、それを行う方法については後(27. ChemSketchと他のソフトウェアとのやり取り)でお話ししますので、ここではひとまず装置の組み立てで終了です。

　ChemSketchのテンプレートを組み合わせるだけでも、ずいぶんたくさんの

実験装置を作れます。また Draw の機能を使えば、別のガラス器具も作ることができます。教科書にある実験装置を組み立て、いろいろ考えてみて下さい。例えば、なぜここでは平底ではなく丸型のフラスコを使うのか、などという単純な問題も考えてみて下さい。また実験をやる前には、是非ChemSketchで装置を組んでシミュレーションをして、その装置の適不適を考えて下さい。友達とワイワイやりながら、問題点を指摘し合うのもよいでしょう。実験は面白いものですが、シミュレーションを事前に十分やっておくと、何倍も実験は面白くなります。

　とりあえずやってみるのが実験だと思っている人がいますが、それは間違いです。ロケットの打ち上げなど高価な実験は、事前に周到な準備とシミュレーションをやっています（それでも失敗します）。シミュレーションにはコンピュータはなくてはならない道具です。

21. Drawモードのテンプレートの利用

　ここでは、 Draw 機能を使って予め作成されているテンプレートの利用について、説明します。化学で使用することの多いたくさんの図がChemSketchにはすでに用意されています。それを上手に活用すると、レポートの作成がだいぶ容易になります。もちろん、これらの図も Draw の機能を使って作られたものですから、ChemSketchを使って私たちが作ることも（あるいはもっと上手な図を作ることも）できます。

　固体構造の説明のところでは、結晶格子の図がよく出てきます。多くの物質は結晶状態として存在していますので、固体中での分子、原子そしてイオンの配列を理解する上で、結晶格子という考え方は非常に重要です。ところが、立体的な図であることなどから、フリーハンドで描くのはなかなか難しいものです。こうした図は正確に描かないと、わけが分からなくなってしまいます。教科書に描かれている図は正確なはずですが、それを鉛筆でなぞりながらいろいろ考えようとすると、多くの場合いささか不自由です。ChemSketchのテンプレートにはそうした結晶格子の図が入った「Lattice」というファイルがあり、そこには図21-1に示すように各種の格子の図が入っています。いくつかの例を考えてみましょう。

　まずBody-centered（体心立方格子）を選択して、workspaceにコピーしてみます。図21-2 aではなんとなく臨場感がないので、この図を基にeのような図を作図してみましょう。

　まずaの図を選択して、Group/Ungroup機能 を使いグループ化を解除します。すると各格子点にある黒丸はマウスの左ボタンを使って、格子から外すことができるようになります。誤って格子を動かしてしまったら、慌てずに、操作メニューにあるUndo（描き直し）機能 のボタンをクリックして下さ

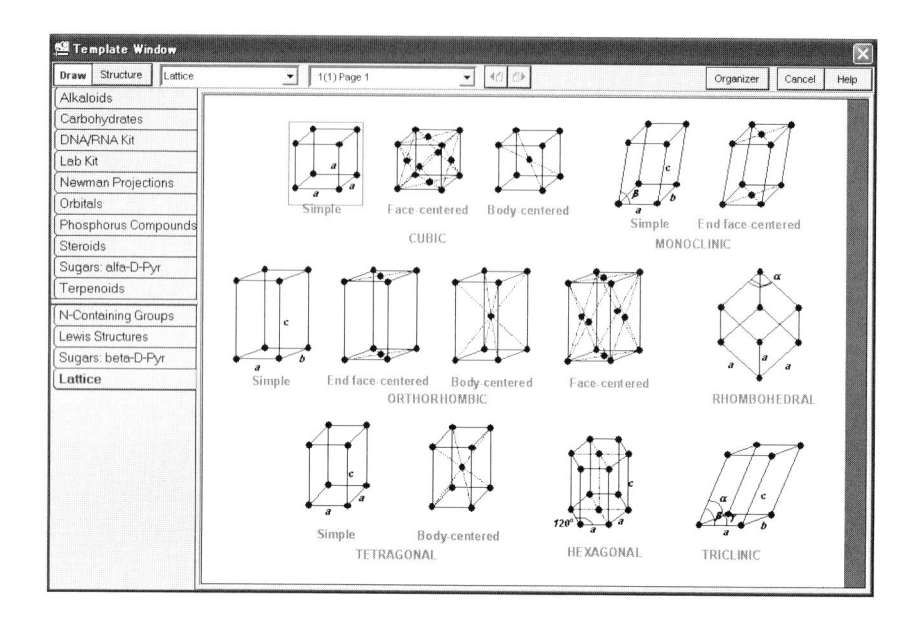

図21-1

い。簡単に元に戻せます。格子だけにしたら、格子を動かさないように、グループ化して下さい。

　次に、格子に置く原子の球を描きます。真円を描く場合、キーボードの[Shift]キーを押したまま、楕円機能○を使います。単なる○だと面白くないので、影をつけましょう。そのためにはまずこの円をダブル・クリックすると、Objects Panelが開きます。この窓では、この円の表現方法を指定することができます。円全体に影をつけるので[Fill]を選択します。[Style]から影のパターン（この場合はShade）、[Color]は白、[Pattern]を選択し、そして[Shade]に−85％を指定すると（**図21-3**）、cの下に描いたような影をつ

図21-2

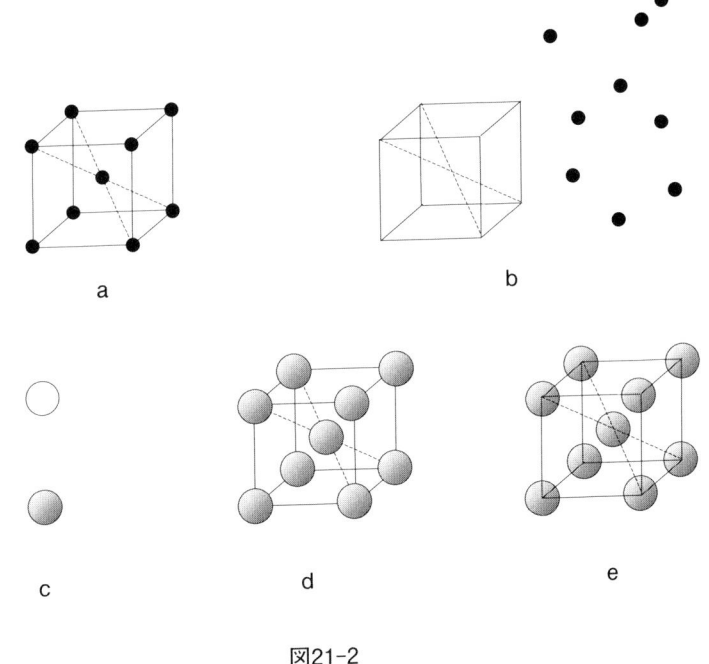

けた円が描けます。これが気に入らない人は、違う影をつけてください。

　出来上がった円を選択します。他のソフトウェアの場合と同じように、図を選択した状態で［Ctrl＋C］（［Ctrl］キーを押しながら［C］のキーを押す）を使えばこの円をコピーできます。［Ctrl＋V］（［Ctrl］キーを押しながら［V］のキーを押す）でその複製を作ることができます。マジックのように、ポッと円が出てくると、コンピュータの素晴らしさを実感できます（私だけでしょうか？）。本当に簡単にコピーが作れてしまいます。コピーした円を各格子点に置くと、dのようになります。格子点を見えるようにするには、［Shift］キーを使ってす

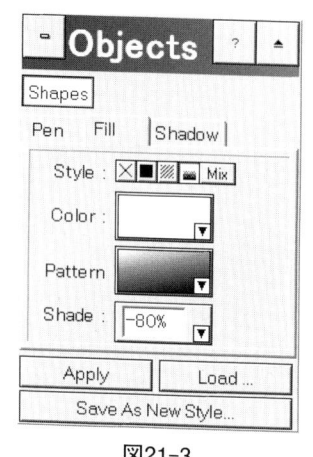

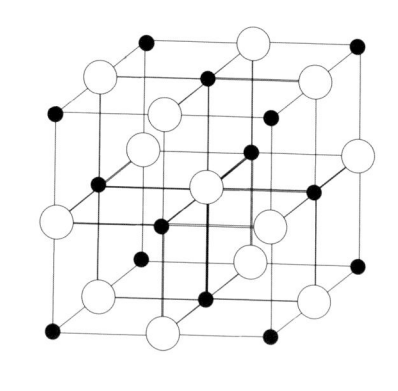

図21-3

図21-4

べての円をまず選択してから、選択した図にSend to Back（背景に下げる）機能を行います。eはその結果で、格子点の位置もよく見えるようになっています。

図21-4には塩化ナトリウムの結晶格子を描きました。塩化ナトリウムは典型的なイオン結晶を作り、立方格子を取ります。この図では黒丸がNa^+イオン、白丸がCl^-イオンを表しています。この図を描くのはそれほど難しくはありません。テンプレートの「Lattice」から立方格子をコピーし、いったんすべての格子点（黒丸）を除き、それらを縦横高さ方向に積み重ね、最後に格子に互い違いに黒丸と白丸を置けば出来上がりです。丸の大きさをもっと大きくすれば、この格子の中で最密充填していることが理解しやすいようになります。

C−C単結合の周りでは回転が可能で、異なる回転角により、異なる形の分子ができます。この異なる形を立体配座（conformation）と言います。図

図21-5

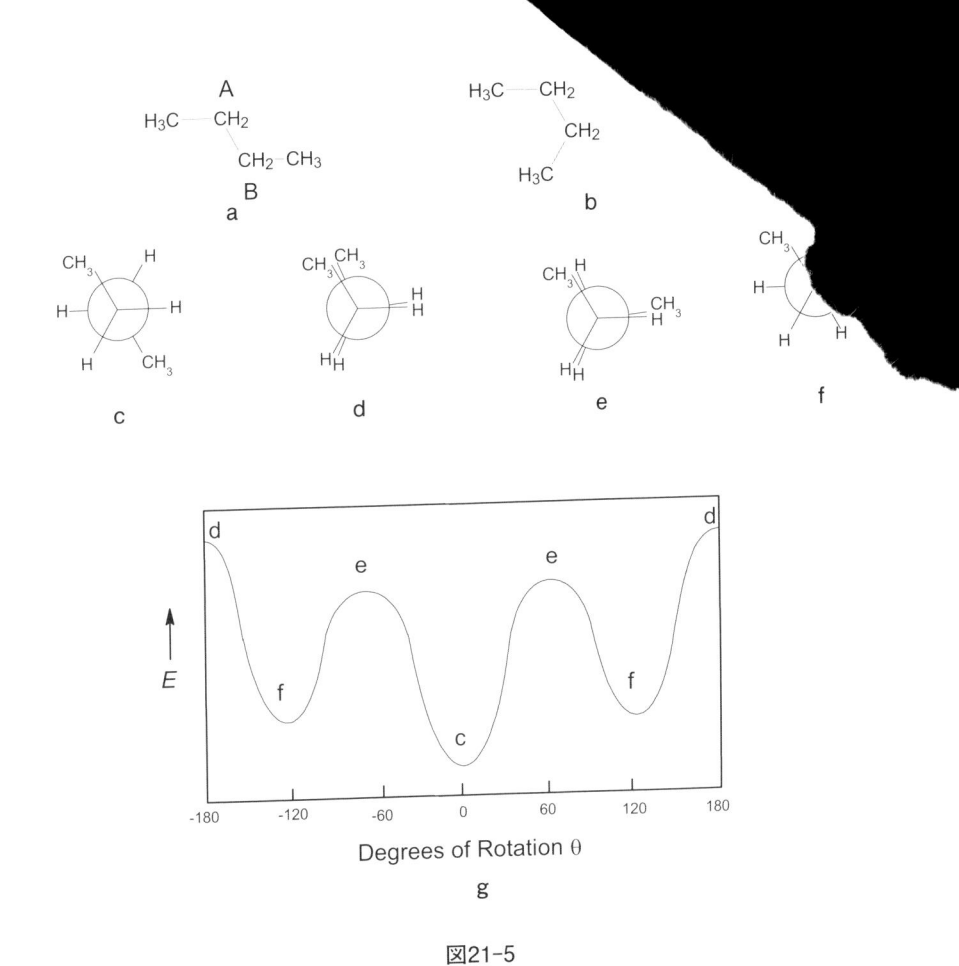

21-5 aのbutane分子の場合、中央のC−C単結合の周りで回転が可能です。ですから、aとbは全く同じbutane分子ですが、異なる立体配座をしています。しかしaやbのように表現すると、立体配座の立体的な感じがよくつかめませ

をより分かりやすく表現するために、C_A原子からC_B原子[...]a分子を投影した図を描くことがあります。a分子の投影図がc[...]子の投影図がdです。このように描くと、C_A原子とC_B原子を結ぶ[...]合に対して両端のmethyl基がどのように配置されているかが分かりや[...]ます。d図では、本来二つのmethyl基は全く重なっているのですが、[...]わずかにずらして描いています。eおよびfではmethyl基が中間の位置に[...]る状態を示しました。

　cの立体配座を出発点として考え、中央のC－C結合の周りに、向こう側に見えるmethyl基を反時計回りに回すことを考えます。60°回転すると、eになり、120°回転するとfになり、180°回転するとdになります、それ以降は向きが異なるだけで、methyl基とH原子の関係は全く同じになる立体配座が繰り返し現れます。aとbの図では、このようなmethyl基とH原子の関係を理解するのは容易ではありません。しかしcからfのような図を描くと非常に明快に理解できます。

　このような作図をNewman投影と言います。テンプレートの中には「Newman Projections」という名前のファイルがあり、そこにはcからfのような図の雛形が入っていますので、それを活用することで簡単に作図できます。ただし一つ注意して頂きたいのは、この図での原子は全て Draw を使って描いたもので、 Structure ではないということです。つまり、これらの図を修正して原子や原子団を変更する場合には、 Draw モードから行って下さい。

　このテンプレートの中には、さらにgのような図も入っています。この図の横軸は、C－C結合周りの回転角であり、縦軸はそのエネルギー（立体配座エネルギー）です。dでは分子内でmethyl基同士が向き合い、その立体的な反発で最もエネルギーが高くなっています。一方、cでは全てのmethyl基とH原子間のぶつかりが最低なので、最も低いエネルギーになっています。他の状態に

ついては考えてみて下さい。このような図を描くと、立体配座のエネルギーの関係がよく分かります。既に化学反応のところで述べたように、このような図も Draw の機能を使えば描けますが、このテンプレートを使うと簡単に作れます。

　以上のテンプレート以外にChemSketchには、種々の矢印「Arrows」、「DNA/RNA Kit」、ミセルなどの模式や各種の星印の「Figures」、危険物などの表記に使える図「Labels」、電子の軌道を表現する図「Orbitals」、各種の多面体の図「Polygons」および「Polylines」、化学反応式に使う各種記号「Reaction Symbols」、および立体化学を表現する図「Stereo Templates」などが入っています。一度通覧しておくと便利に使える図がたくさんあります。

22. ユーザーのテンプレートを作る

　これまで見てきたように、ChemSketchにはたくさんのテンプレートが用意されているので、たいていの化学構造を描くには不自由はないと思います。また用意されていない構造を描くのもそれほど大変ではありません。でも、ChemSketchのテンプレートにない化学構造でよく使う化学構造を何度も描くのも苦痛です。ChemSketchでは、ユーザーが自分でテンプレートを作ることができるので、新しく描いた化学構造や実験装置を登録しておけば、次回からは簡単に、そして正確にそれらの図を描くことができます。受験勉強、大学の勉強そして仕事上で現れてくる化学構造式をテンプレートに入れておけば、自分で問題を作ったり、レポートを書いたり、報告書を書いたり、さらには知識の整理をする上で非常に役に立ちます。テンプレートの作り方などというと、いわゆるマクロなどの作り方と勘違いして、ひどく難しいことのように感じる人がいますが、非常に簡単ですのでぜひ試して下さい。

　まずChemSketchの画面で、テンプレートに入れるべき化学構造または実験装置などを描きます。ここではアミノ酸を例にとって手続きを紹介します。

　アミノ酸の化学構造式はChemSketch付属のテンプレートの中に既に入っていますが、現在のテンプレートの構造には問題点があります。アミノ酸とは実は一般名称で、分子の中にアミノ基と酸を持っていれば、すべてアミノ酸と呼ばれます。しかし、普通は私たちの体内でタンパク質を作るアミノ酸のことを意味し、それには20種類のアミノ酸（正確にはα-アミノ酸）があります。20種類のアミノ酸のうち19種類は光学異性体です。glycine（グリシン）と呼ばれるアミノ酸以外の各アミノ酸には、少なくとも２種類の光学異性体が存在できます。既にalanineについて述べましたが、このように19種類すべてのアミノ酸がL型とD型を取り得ます。しかし、私たちの体を構成しているアミノ酸

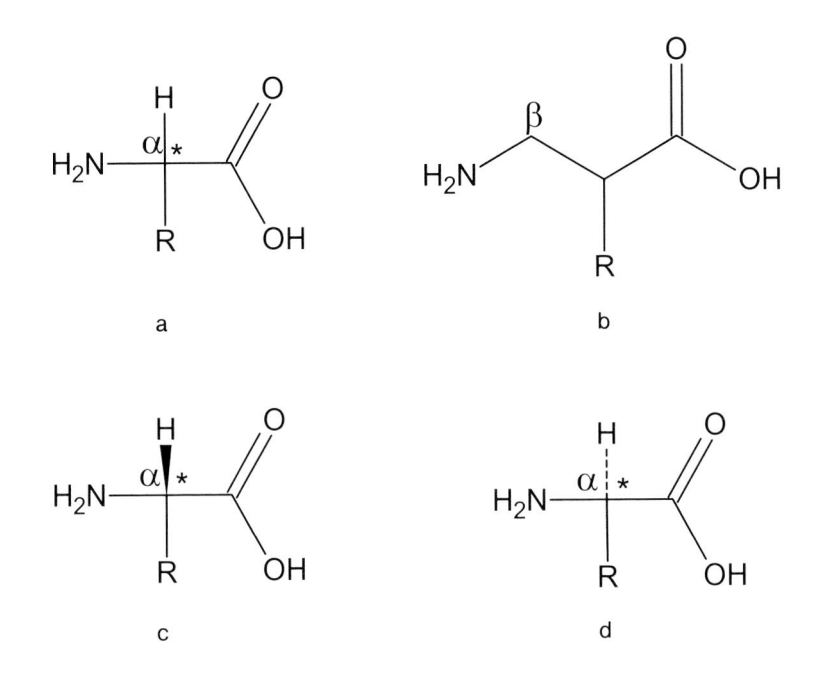

図22-1

はすべてL型です。ですから、体内で働くアミノ酸の化学構造を描く場合、L型であることを明記しなければなりません。ところが、現在ChemSketchのテンプレートに収められている化学構造には、その光学異性が明記されていません。そこで、ここでは練習のために、疎水的な側鎖を持つアミノ酸のテンプレートを作ってみましょう。

　図22-1 aに示すように、α-アミノ酸の一般式は描けます。αは、carboxyl基が結合したC原子（これをα炭素原子と呼びます）にamino基が結合していることを意味します。化学では、いちばん最後についた名前が、その化合物の

主な部分を表します。アミノ酸の場合には、酸が主な部分です。英語式の氏名と同じです。後ろにくるのが苗字に相当します。したがって、α-アミノ酸という場合、酸が主で、その酸のαの位置にamino基が結合することになります。比較のためにbにβ-アミノ酸の一般式を描きました。名前から分かるように、βとは2番目ということで、carboxyl基が結合したC原子から2番目のC原子にamino基が結合しています。

　私たちのタンパク質を作っているアミノ酸は、すべてα-アミノ酸です。Rには20種類の異なる原子団が結合します。原子団とはいくつかの原子が集まって作る化学的な部品のことです。最も小さい原子団はH原子です。アミノ酸の主骨格はamino基とcarboxyl基であり、その横についている原子団ということでRのことを**側鎖**と普通呼びます。(側鎖は、原子ツールバーのRadical Label [R] で描きます)

　ここで、α、βなどのギリシャ文字の描き方を説明します。[Draw]モードでテキスト入力機能[圖]を選択し作業スペースにカーソルを戻すと、編集ツールバーに字体の表示窓が出ます。通常は「Arial」になっていますが、「Symbol」を選択するとギリシャ文字が打てるようになります。[A] → α、[B] → β というように、アルファベットに対応するギリシャ文字が表示されます。

　L型のアミノ酸では、＊印の不斉炭素原子の絶対立体配置は図22-1 cのようになっています。この図ではH原子は紙面の手前にあることを表します。H原子から＊印のついた不斉C原子を見下ろす時、carboxyl基とR基とamino基の並び方が時計回りになっています。この絶対立体配置がL型です。これに対してdでは、H原子は紙面の向こう側にあるので、向こう側から＊印の付いた不斉C原子を見る時、carboxyl基、R基そしてamino基は反時計回りに配列していますので、この絶対立体配置はcと異なり、D型と呼ばれます。

　これを覚えるのに、「とうもろこしルール」というものがあります。とうもろこしは英語でCORNです。COはcarboxyl基、Rは側鎖原子団そしてNは

amino基を表すとします。とうもろこしは上に向かって伸びますので、残りのH原子は上から見ると考えます（こじつけます）。天（heaven）からH原子を見る時に、CO→R→Nと右回りなら、L型です。その逆はD型です。もう一つの覚え方（というより間違えない方法）は、図22-1 cのようにアミノ酸を描く時に、必ずcarboxyl基を右に、amino基を左側に、そしてRを図の下に書きます。heavenですからH原子は上になります。この習慣をつけておくと、書き間違えることがなくなります。

さて、Rには20種類の原子団が結合しますが、Rが油に溶け易い（水をはじく）性質、すなわち疎水性であるアミノ酸について考えてみます。この種のアミノ酸には、glycine（グリシン）、alanine、leucine（ロイシン）、isoleucine（イソロイシン）、valine（バリン）、phenylalanine（フェニルアラニン）があります。それらの化学構造をまず描いてみましょう。基本の構造は図22-1 cですのでそれをコピーすれば簡単に作業は進みます。

glycineはRがHですから単純です。まず図22-2 aのように、図22-1 cのコピーをもってきます。その時点では、 Draw モードになっていますので、 Structure モードに切り替え、RをHに変換します。具体的には、 ✐ を指定して、原子ツールバーの H を選択してから、Rを左ボタンでクリックします。その結果、得られるのが図22-2 bの構造です。

ここで、ちょっと頭の体操です。glycineではこのようにRのところがHになっていますので、α位のC原子にH原子が二つ結合しています。先ほどの「とうもろこしルール」でこのC原子の絶対立体配置を調べると、二つのH原子についてDとLができてしまいます。つまりglycineの場合には、絶対立体配置を持ちません。別の言い方をすれば、glycineはその鏡像体と全く重なってしまいます。ということで、glycineを表現する時には、cのような構造を描くのが一般的です。glycineは最も簡単なα-アミノ酸です。

alanineを描く場合も、aの構造から出発しますが、この場合は簡単です。上

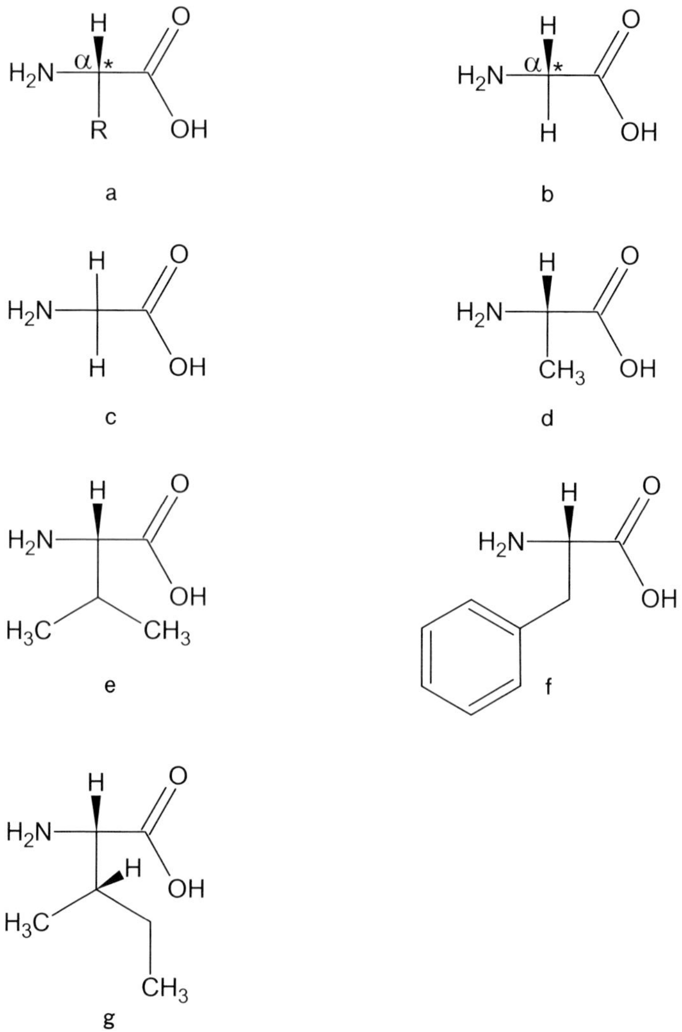

図22-2

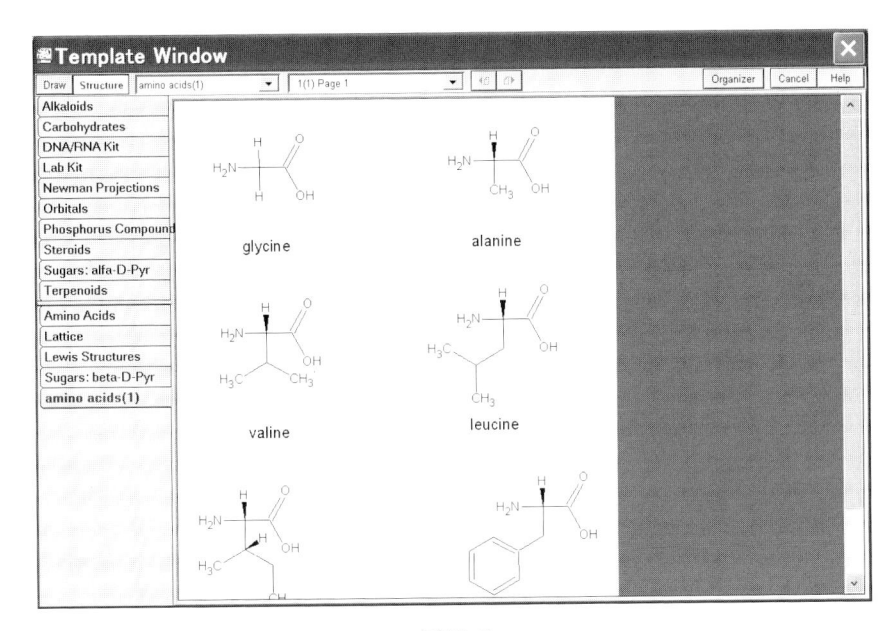

図22-5

レートの名前を付けて下さい。[Document]のところには登録するテンプレートの場所と名前を指定します。OKをクリックすれば登録完了です。

　Template Windowを見て下さい。図22-5のようにamino acids(1) が登録されたことが分かります。sk2のファイル拡張子が付いているファイルであれば、既に作ってある図もテンプレートとして登録することができます。それを行うためには、メニュー・バーの[Templates]の中の[Template Organizer...]を指定します。すると、図22-6のような小窓が現れるので、ここで[New...]を指定すれば、指定したファイルをテンプレートとして登録することができます。テンプレートの中に誤りがあれば、それを呼び出して修正して保存すれば

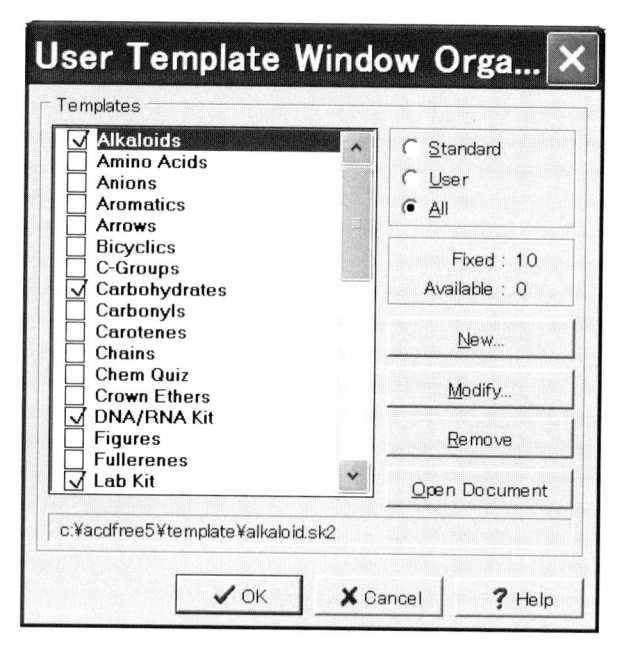

図22-6

よいので、気楽にテンプレートを作ることが可能です。またTemplate Windowでは一度に15種類のテンプレートを呼び出せるので、作業の効率化が図れます。

　通常は意識する必要は全くありませんが、どのsk2ファイルをテンプレートにするかに関する情報は「templates.cfg」というファイルに入っています。これをユーザーが開いたり、修正する必要は全くありませんが、もしこのファイルが壊れたり、何らかの理由で場所が変わってしまった場合にはテンプレートは読み込まれません。その時には、もう一度ChemSketchをインストールして下さい。

以上のテンプレート作成機能を使って作ったいくつかのテンプレートを、本書添付のCD-ROMの「user_templates」に収めてあります。アミノ酸については20種類のアミノ酸を「amino_acid(1)」と「amino_acid(2)」のテンプレートに入れてあります。

23. ペプチドおよび核酸の描き方

　複数のアミノ酸が**図23-1**のように、ペプチド結合で縮重合した分子がペプチドです。この図では、二つのアミノ酸の場合を描いてありますが、アミノ酸はいくつでも結合できます。多くのアミノ酸から作られるペプチドのことをポリペプチドと呼びます。さらにアミノ酸の数が50個を超えるあたりからは、ペプチドではなくタンパク質と呼ばれます。これらは、はっきりした数で定義されているわけではないので、時に混乱を招くこともあります。図23-1に示すようにペプチドやタンパク質では、鎖の流れに方向性があります。右端のカルボキシル基がある方をC末端、左側のアミノ基がある方をN末端と呼び、図のようにN末端からC末端にアミノ酸の番号をつけます。

　簡単なペプチドを描いてみましょう。enkephalin（エンケファリン）と呼ばれるペプチドがあります。このペプチドは脳や脊髄などに存在する天然のペプチドで、鎮痛作用を持っています。その詳しい働きはまだ分かっていませんが、痛覚や体温の制御に関係していると考えられています。enkephalinには2種類あることが知られており、いずれも5個のアミノ酸からなっています。アミノ酸の配列はN末端からtyrosine（チロシン）、glycine（グリシン）、phenylalanine（フェニルアラニン）そしてmethionine（メチオニン）です。もう1種類では、C末端がleucine（ロイシン）になっています。ここでは前者の化学構造を描い

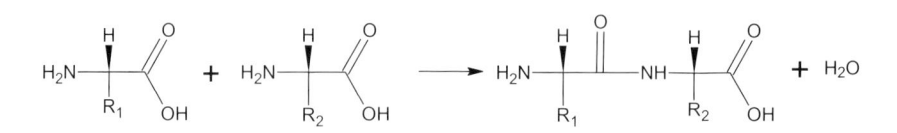

図23-1

てみましょう。前節でせっかく絶対立体配置まで考えたアミノ酸のテンプレートを作ったので、これを活用してみましょう。添付CD-ROMの中には20種類全部のアミノ酸のテンプレート（「amino_acids(1)」および「amino_acids(2)」）が入っています。それ以外に、carboxyl基のOHを取り除いたテンプレート（「amino_acids(1)_R」および「amino_acids(2)_R」）もCD-ROMに入っています。これらのファイルをまずテンプレートとして登録して下さい。後ろにRのついているテンプレートは、アミノ酸を結合してペプチドを作るのに使います。ちょうどTable of Radicals にある部分化学構造と同じです。

　C末端にあるmethionineから作図を始めます。その理由は単純で、一つのアミノ酸のamino基に次のアミノ酸のcarboxyl基を結合させていくからです。まず「amino_acids(2)」のテンプレートからmethionineを選択して、workspaceにコピーします（図23-2 a）。このmethionineのamino基に、テンプレートの「amino_acids(1)_R」にあるphenylalanineのcarboxyl基を結合させます（b）。phenylalanineを選択する時には、そのcarbonyl基のC原子にマウスのポインタを置いて（するとそこに四角で囲まれたHCが表示されます）、左ボタンをクリックして下さい。

　このように、テンプレートの分子を選択する時には、結合する原子を選択することが重要です。そうでないと、どの原子に結合すべきかを指定できないからです。workspaceにマウスを移動すると、ポインタのところにInstant Template の印が表示され、その横にphenylalanine分子が薄く見えるはずです。ポインタの先端をamino基に近づけると、結合した場合の形が見えます。多分そのままではphenylalanineのbenzene環がmethionineに重なってしまうかも知れません。その時は[Tab]キーを押してみて下さい。結合するphenylalanineの向きが[Tab]キーを押す度に変わるはずです。最も重なりの少ない方向を選び、左ボタンをクリックして、位置を確定します（図23-2 b）。次に同様にしてglycineを2個連結させます（図23-2 c）。最後に、tyrosineを結合させると出来上がりです（図23-2 d）{movie:enkephalin}。

23. ペプチドおよび核酸の描き方

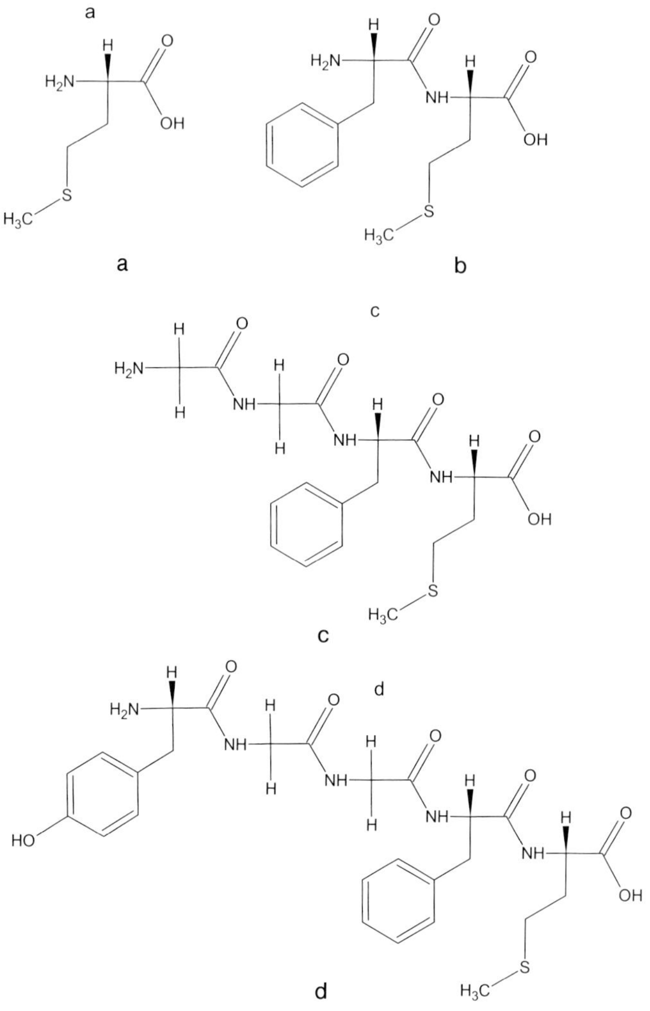

図23-2

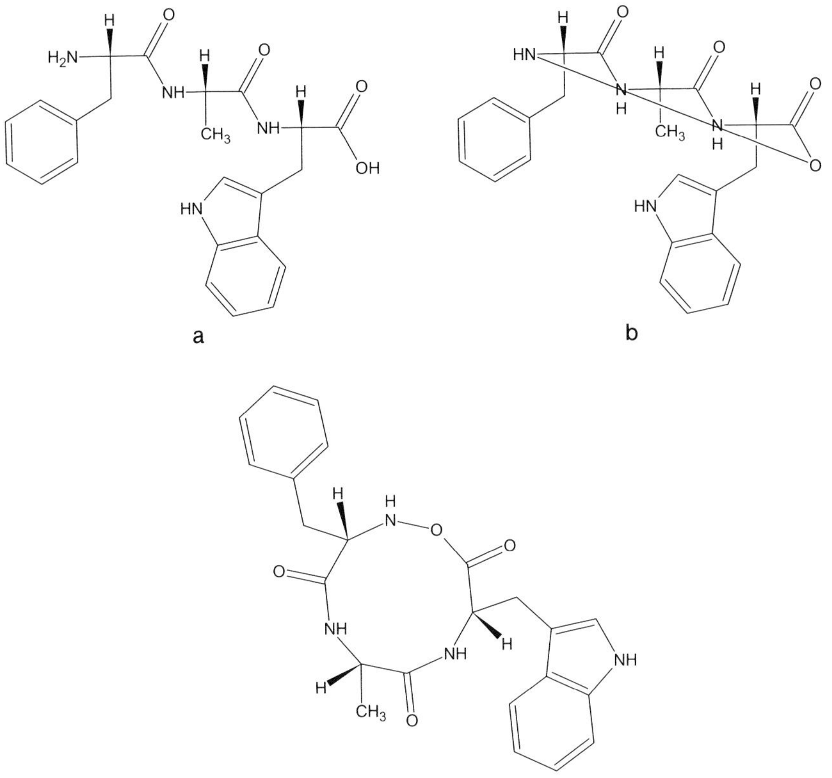

図23-3

ペプチドの中には環状になったものもあります。つまりC末端のcarboxyl基とN末端のamino基がさらに脱水縮合したものです。その一つの例としてphenylalanine、alanineおよびtryptophan（トリプトファン）が環状になったペプチドを描いてみましょう。3個のアミノ酸を連結するところまでは、前の例

23. ペプチドおよび核酸の描き方　173

図23-4

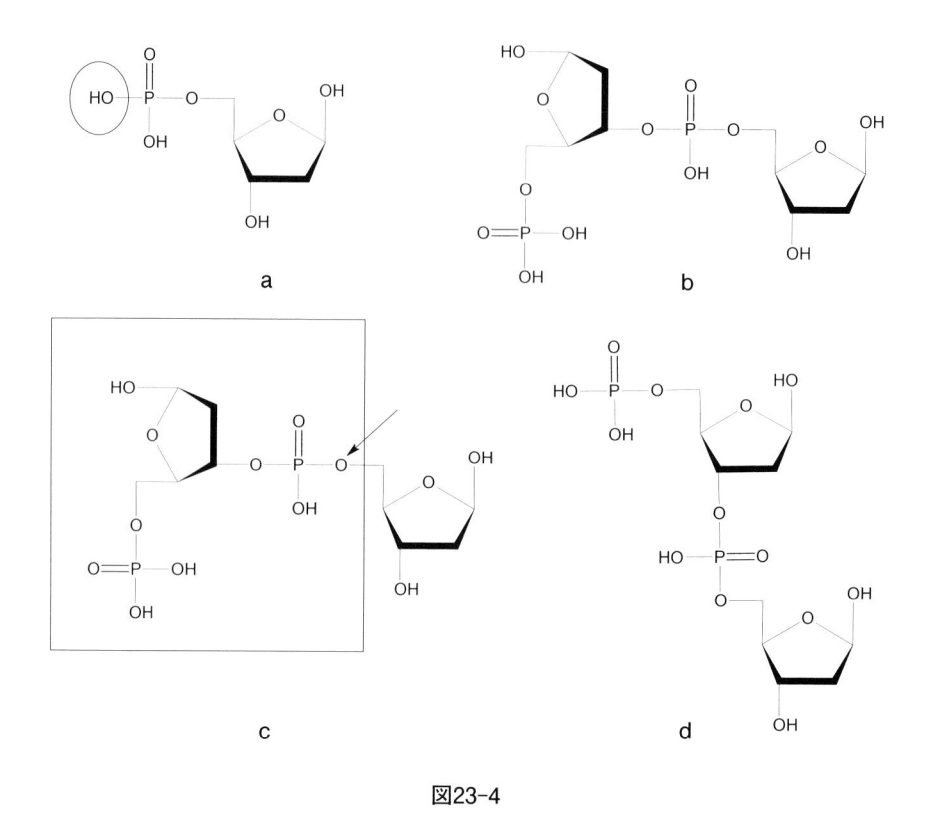

と全く同じです。その出来上がりは、**図23-3** a になります。Select/Move機能 🔍 と Draw Continuous機能 ✐ を選択して、phenylalanineのamino基のN原子からtryptophanのcarboxyl基のOH基まで、マウスの左ボタンをドラッグします（図23-3 b）。分子全体を選択して、Clean Structureボタン ⟳ を押します。すると、環状の構造がきれいに出来上がります（図23-3 c）。

　核酸には大きく分けてRNA(ribonucleic acid：リボ核酸)とDNA(deoxyribonucleic

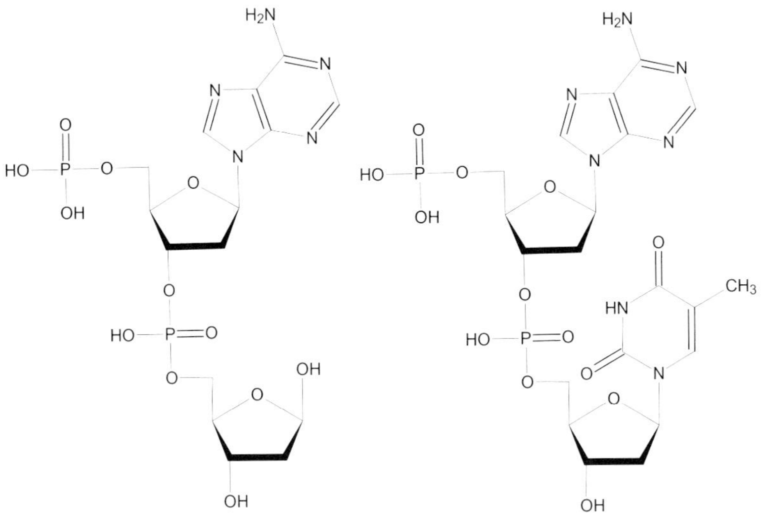

         e   f

                                 図23-4

acid：デオキシリボ核酸）の2種類があります。これらの分子を描くためのテンプレートもChemSketchには十分用意されていますので、たいていの用途にはこれらを組み合わせることで十分間に合います。それではA-T（アデニン-チミン）という短いDNA一本鎖を描いてみましょう。

　まず、 Structure モードにします。Template Windowの中の「DNA/RNA Kit」を選択して下さい。たくさんのテンプレートが用意されています。2-Deoxyriboso-5-phosphateのいちばん下にあるOH基（この位置を3'位と言います）を左ボタンでクリックして下さい。workspaceに移動すると、**図23-4** aのような構造がコピーされます。この状態で［Shift］キーを押しながら、○で

23. ペプチドおよび核酸の描き方　*175*

囲んだOH基のO原子上でクリックすると、図23-4 bのように二つの要素が結合したものが得られます。次に、Select/Rotate/Resize機能◉を選択した状態で、選択ボタン🔍を用いて四角で囲んだところを選択します。矢印のO原子上に⊕の印を移動します（図23-4 c）。その状態でマウスの左ボタンでドラッグすると、四角で囲んだ部分が回転できますので、90°回転します（図23-4 d）。

　これで第一段階は終了です。ここで再び「DNA/RNA Kit」に戻り、Adenineの左下のN原子をクリックします。workspaceに移動して、[Shift] キーを押しながら、矢印で示したOH基上でクリックすると、図23-4 eのように、核酸塩基の一つであるadenineが結合します。同様にして、thymine（チミン）を結合させると、目的のA－Tという短い一本鎖DNAが出来上がります（図23-4 f) {movie:At}。もしコピーするテンプレートが分子の別のところでぶつかりそうな場合には、既に説明したように [Tab] キーを押すことで、別の角度から結合することができます。図23-4 dをテンプレートとして登録するか、名前を付けてsk2形式のファイルとして保存しておけば、何度も上の操作をする必要はなくなります。ChemSketchはある程度使い込んでいくと、そこからは急に便利な道具になっていきます。

24. 糖とステロイドの描き方

　この節で述べる操作の内容は基本的に前節で述べたことと同じです。異なる点は、異なる種類の分子を描くという点のみです。

　まずいくつかの糖を描いてみましょう。実は、アミノ酸や核酸と異なって糖の結合の仕方は非常に複雑です。したがって初学者の場合は、どうしても面倒だという気持ちが先行してしまい、不正確な構造を書いてしまいがちです。しかし、ChemSketchで描くと比較的簡単に描けます。糖についても豊富なテンプレートが用意されていますので、ユーザーが最初から化学構造を描かずに済みます。

　まず糖の化学構造について、非常に簡単なまとめをしておきます。糖は直鎖状の構造と環状の構造を取り得ます。環状の構造にはさらに2種類が存在します。私たちの体内でエネルギー源になる糖は、glucose（グルコース）です。glucoseについて、これら3種類の構造を図24-1に示しました。aはD-glucose、bはα-D-glucopyranose（α-D-グルコピラノース）そしてcはα-D-glucofuranose（α-D-グルコフラノース）と呼ばれます。

　Dという符号は、糖も光学異性体を持つことを示しています。私たちの体内で使われている糖はほとんどD型です（アミノ酸の場合にはL型です）。話が複雑になってしまいますので、ここではD型のみを考えます。bとcの違いは、6員環を持つか5員環を持つかの違いです。これ以外の環構造は持ちません。最後にαの意味です。○で囲んだOH基の方向を表すのがαという記号です。矢印で示したOH基と○で囲んだOH基が環に対して反対側を向いている時に、その位置関係をαで表します。同じ向きの場合にはβという記号を用います。

　これに従うと、dおよびeの名称はβ-D-glucopyranoseおよびβ-D-glucofuranose

a

b

c

d

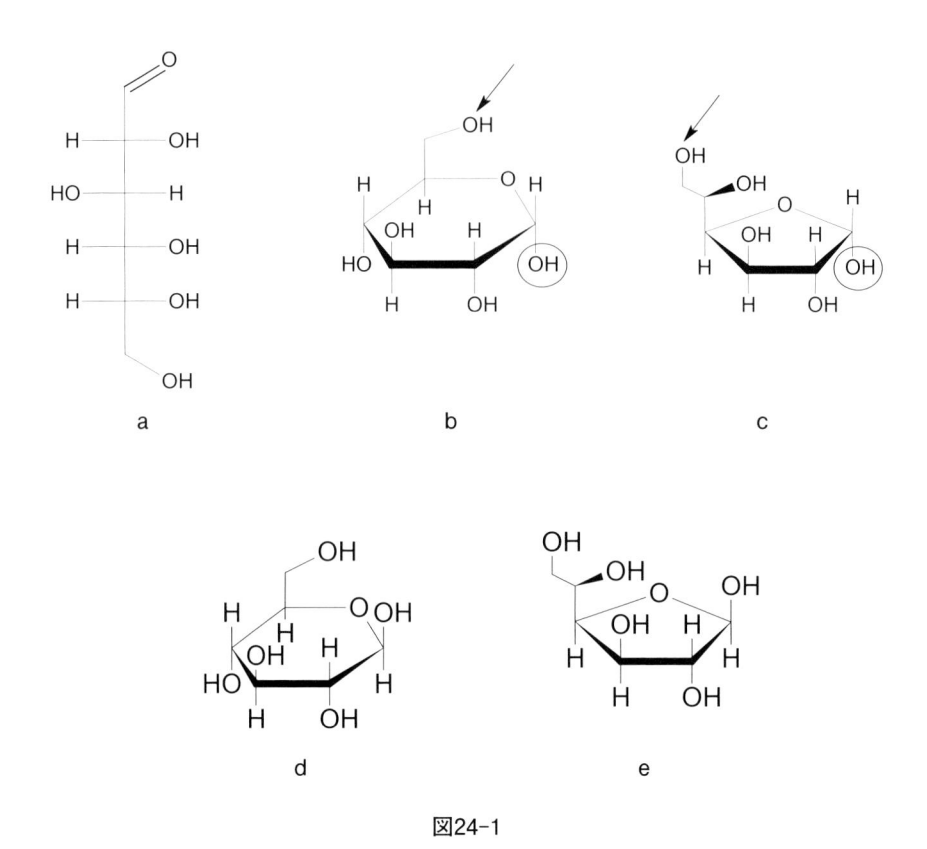

e

図24-1

となります。構造をよく比較して下さい。問題のOH基の向き以外はそれぞれbおよびcと全く同じであることが分かります。

　以上のように、同じ分子でありながら糖は異なる化学構造として存在します。この形の多様性が、糖の機能の多様性につながっています。糖はさらに1個の糖として存在することはむしろ少なく、糖同士が結合してオリゴ糖や多糖

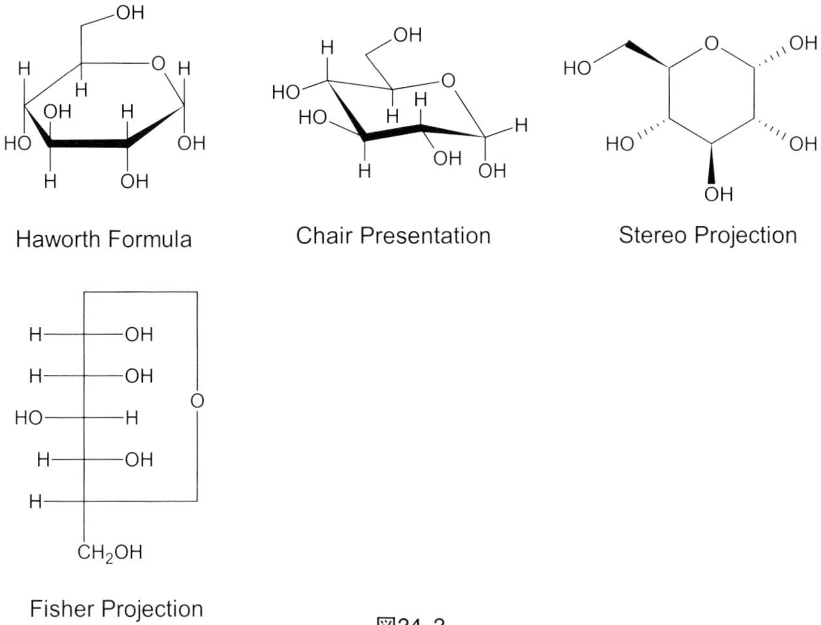

Haworth Formula　　Chair Presentation　　Stereo Projection

Fisher Projection

図24-2

になったり、またはアミノ酸やタンパク質と結合して、より複雑な機能を発揮できる分子を作り上げています。

　糖は種々の描き方で表現されます。Template Windowで糖「Sugars:alfa-D-Pyr」を指定すると、4種類の表現方法が選べます。Haworth Formulae（Haworth図式）、Chair Presentations（椅子型表記）、Stereo Projections（立体投影）およびFisher Projections（Fisher投影）です。α-D-Glucopyranoseをこれら4種類の描き方で示したのが、**図24-2**です。これらの表現はどれが優れているというわけではなく、使う目的によって使い分けられています。既に何度か述べていますが、私たちは化学的内容を便利に表現するために表現方

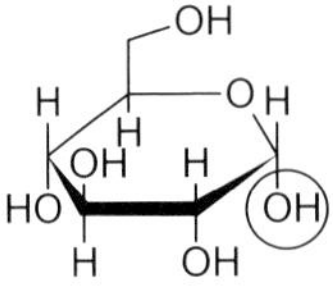

図24-3

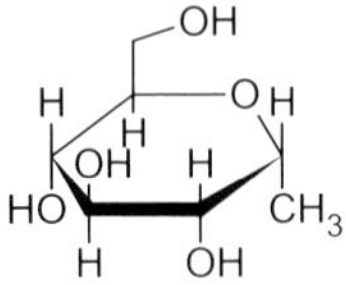

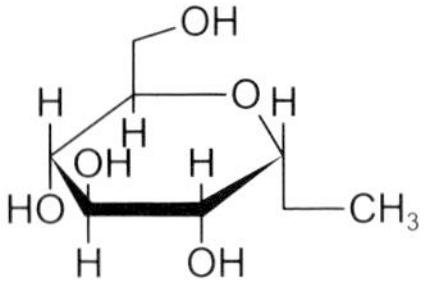

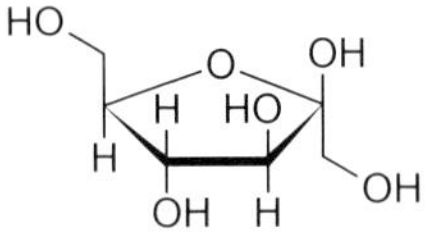

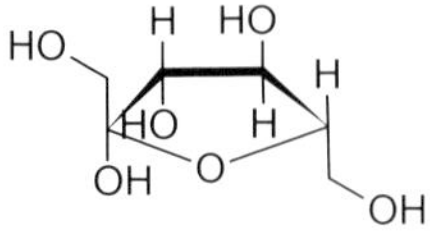

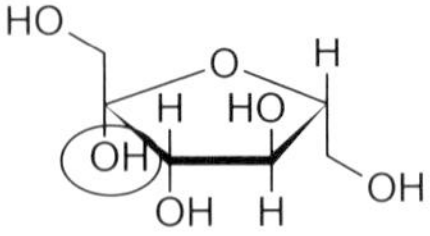

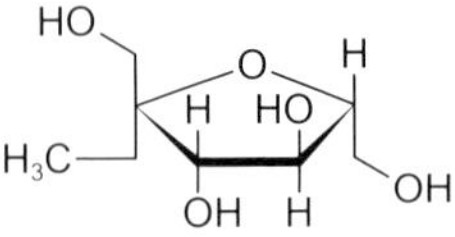

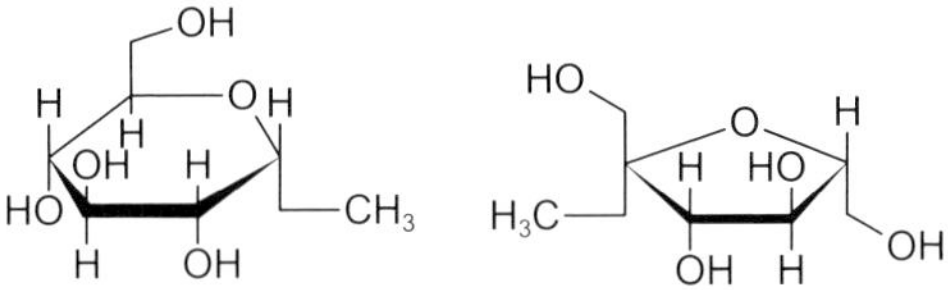

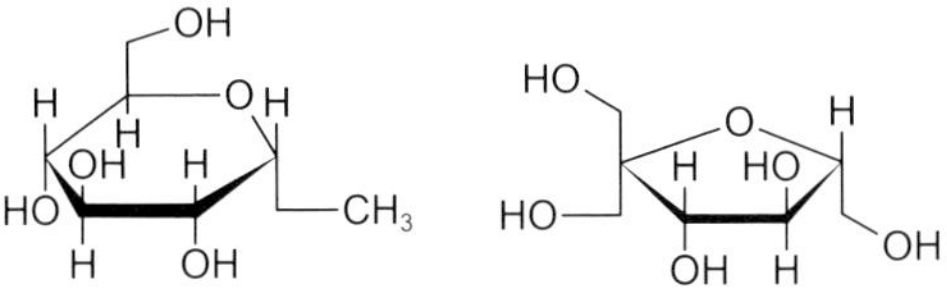

180

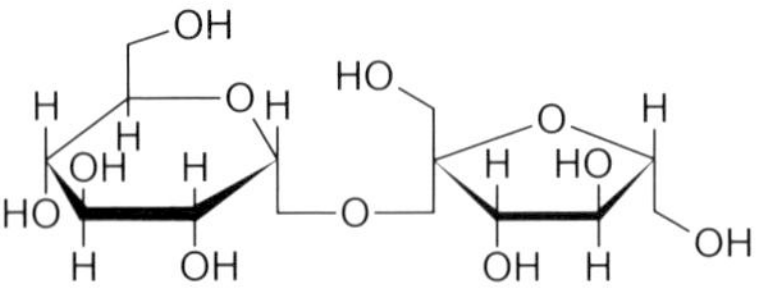

法を使い分けます。

　糖の構造は複雑ですが、化学構造を描くという観点からは、結合すべき糖の状態さえ分かっていれば、特に難しいことはないので安心して下さい。糖の中でもいちばん馴染みの糖はいわゆる「お砂糖」であるsucrose（スクロース：ショ糖）です。まずこの糖を描いてみましょう。

　sucroseはβ-D-fructose（β-D-フルクトース：果糖）とα-D-glucoseが結合してできた二糖（disaccharide）です。各々の糖はfuranose（フラノース：単糖の環状異性体の一つ）およびpyranose（ピラノース：単糖の環状異性体の一つ）として存在しています。まずHaworth Formulaを使って作図してみます。

　第一に、α-D-Glucopyranoseをテンプレートからコピーし（図24-3 a）、○で囲んだOH基をmethyl基に変更します（図24-3 b）。さらにDraw Normal でCH$_3$を付加すると、図24-3 cのような状態になります。第二に、β-D-Fructofuranoseをコピーします（図24-3 d）。dを紙面上で180°回転すると、eが得られます。fはeと同じもので、dから作り直します。fの○で囲んだOHをCH$_3$に変換し、さらにCH$_3$を付加させるとgが得られます。cとgを並べ（h）、どちらかのmethyl基をOH基に変更します（i）。Select/Moveツール を選択して、右の分子のOH基を左の分子のmethyl基に重なるまで移動すると、最終的な分子であるsucrose（j）が描けます。

　maltose（マルトース）は2分子のglucoseが結合したものです。これをChair Presentationsで描いてみます。まずテンプレートからChair Presentationsで描いたα-D-Glucopyranoseを選択します。図24-4 aのように2分子コピーします。H原子を表示すると煩雑になるので、H原子の大部分を削除します（図24-4 b）。次にSelect/Moveツール を選択し、右側の分子を指定して、マウスの左ボタンを使ってドラッグして、二つのOH基が結合するところまで接近させると、二つのglucoseはくっついてmaltoseが図24-4 cのように描けます。

　糖の最後に、cellobiose（セロビオース）を描いてみます。この糖はcellulose

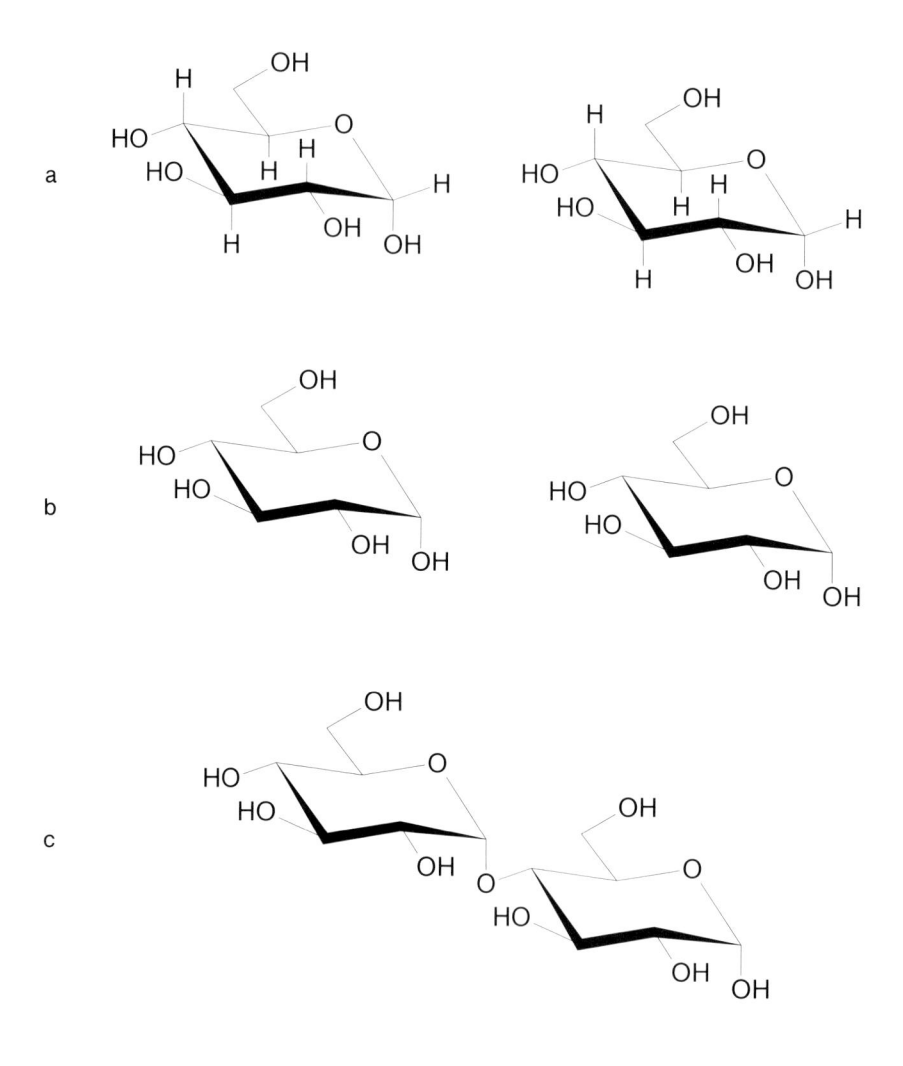

図24-4

（セルロース）から分解して得られる糖ですが、松葉やとうもろこしの茎にも見られる糖です。基本構造はβ-glucoseです。まず2分子のβ-D-Glucopyranoseをテンプレートからコピーします（図24-5 a）。右側の分子を選択して、水平軸に対して上下回転機能を用いて、回転します（図24-5 b）。この回転により絶対立体配置は変化しません。楔形の破線で表現した結合の立体関係は正しいのですが、見やすくするために、それらを普通の実線で表し、手前の結合を太い楔で表すことにします（図24-5 c）。これを、aの左側にある分子の横に置きます（図24-5 d）。右の分子を選択して、左ボタンを使ってドラッグし、結合する二つのOH基が重なるまで移動すれば、cellobioseが出来上がります（図24-5 e）。糖は非常に複雑な分子ですが、以上のように1個ずつ丁寧に描いていけば、難しいことはありません {movie:cellobiose}。

steroid（ステロイド）は特異な骨格を持つ一群の化合物で、動物のホルモン、特に性ホルモンに多く見られる化合物です。ジギタリスなどの植物に含まれる強心配糖体（糖を含む化合物で強心剤としての作用を持っています）にも見られます。steroid類は似た構造を持っていますが、比較的複雑であるためコンピュータで描くとだいぶ楽になります。

steroidの基本骨格もテンプレートの中の「Steroids」に入っています。steroid化合物の代表であるcholesterol（コレステロール）をまず描いてみましょう。cholesterolにいちばん近い骨格であるCholaneを選択します（図24-6 a）。steroid骨格中の各原子の番号付けは難しいので、このテンプレートにはそれが付けられています。今は必要がないので、まずそれを消します。分子全体を選択して、その分子の適当な場所を左ボタンでダブル・クリックします。Propertiesの小窓が現れますので、［Atom］の［N］をクリックします。［N］の右横に「Numbering」と表示され、番号付けのモードになっていることを示します。今は不要ですから、その上の［Show］のチェックをはずします。

図24-5

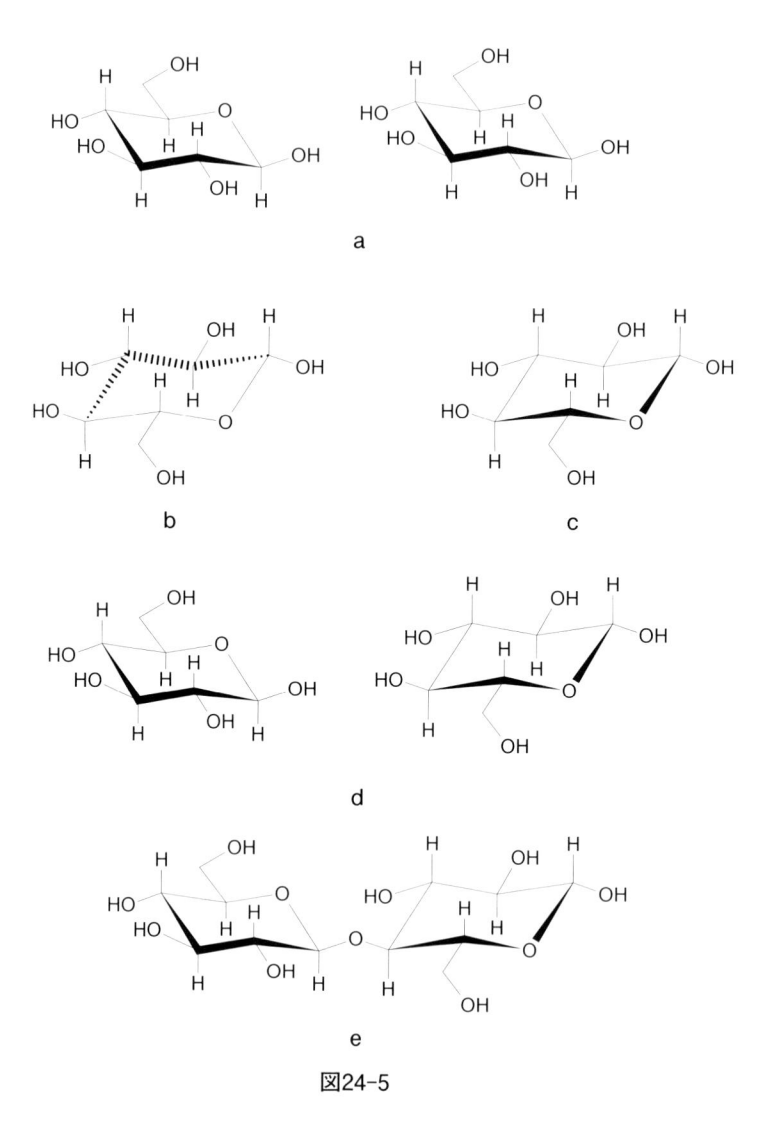

図24-6

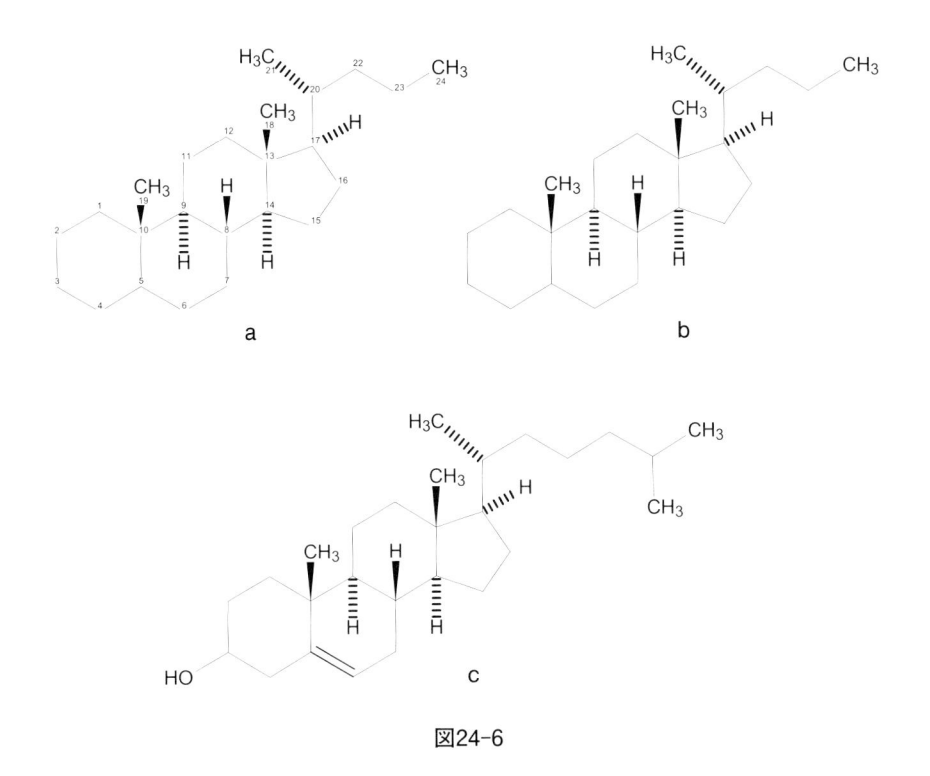

[Apply] でこの条件を適用すると、番号は化学構造から消えます（図24-6 b）。cholesterolには二重結合やOH基が結合していますので、それらを結合させると、構造は出来上がります（図24-6 c）。筋肉増強剤に使われるtestosterone（テストステロン）は同様にAndrostane（アンドロスタン）から描くことができます（**図24-7**）。

　強心配糖体の一種でゴマノハグサ科の植物ジギタリスから採れるジギトキシンの構造は複雑ですが、ステップを踏んで作れば簡単に描けます。この化合物

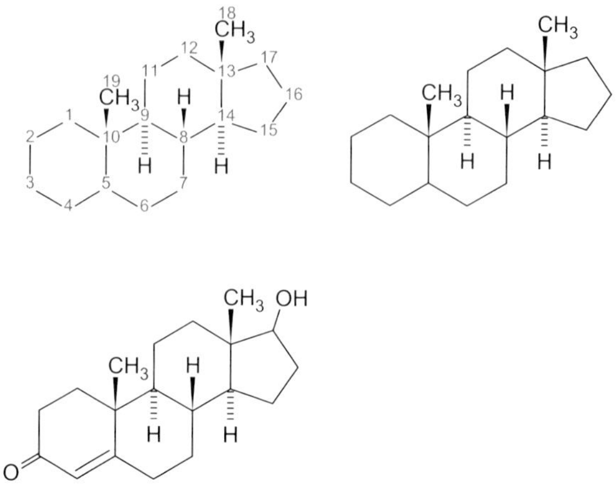

図24-7

は心臓の筋肉に働き、うっ血性の心不全を解消してくれます。医薬品に興味のある方なら、一度作ったら保存しておくと必ず後で重宝します。

　まずsteroid部分から作ります。骨格にはAndrostane（図24-8 a）を使います。上の例と同じに、原子の番号をはずします（b）。糖とそれ以外の部分から成る化合物を配糖体と言いますが、その中で糖以外の部分をアグリコン（aglycone：糖でない部分）と呼びます。ジギトキシンのアグリコン部分はandrostaneと大分異なりますので、それをまず直すことにします。また糖が結合する位置に予めmethyl基を入れておきます（c）。ジギトキシンの糖はdigitoxose（ジギトキソース）という特殊な糖ですので、この部分をglucose（β-D-Glucopyranose）から作り上げます（d）。先にアグリコン部分に入れたmethyl基のところに糖を結合させます。アグリコン全体を選択して、このmethyl基が糖のOH基のO原子と重なり、融合するまで移動すると、糖が結合

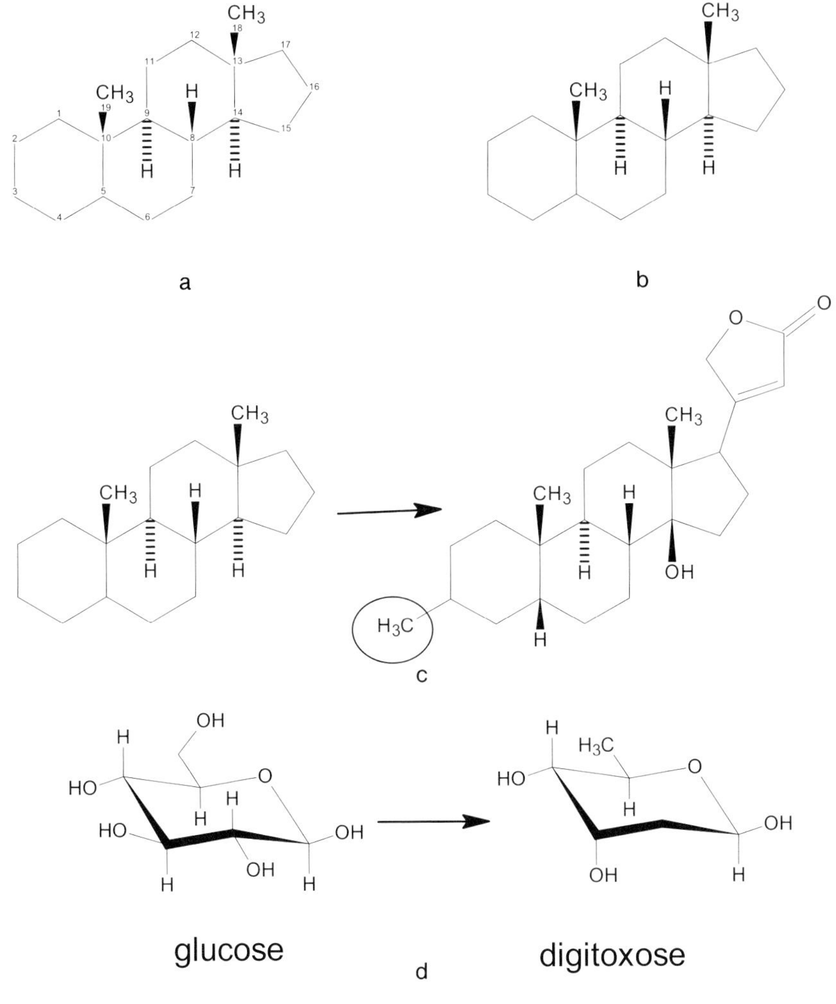

a

b

c

glucose → digitoxose

d

図24-8

24. 糖とステロイドの描き方

図24-8

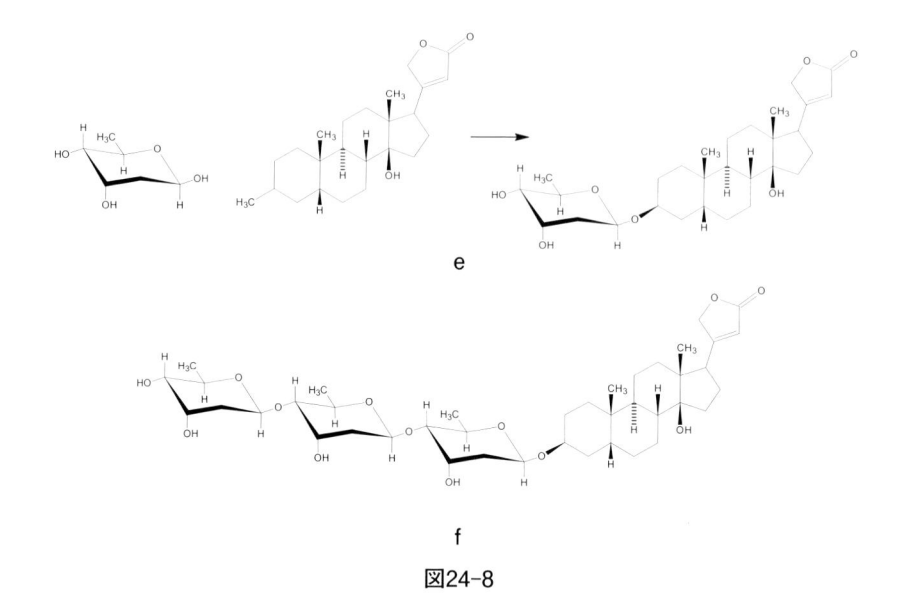

します (e)。このやり方は、すでにsucroseなどを作った時に使ったものです。更に2個の糖を結合すると出来上がりです (f)。

25. 複雑な分子の描き方

　ChemSketchで実際に分子を描く練習の最後として、少し込み入った分子の描き方をいくつか試してみましょう。

　まずcrown ether（クラウン・エーテル）と呼ばれる化合物を描いてみましょう。crown etherは図25-1に示したような大きな環を持った化合物を呼ぶ総称です。ether（エーテル）基を持つのが特徴のこの化合物群は、O原子が分子の内側を向いて、金属イオンやアミノ酸などの陽イオンを取り込む性質を持っているので、これらのイオンを分離するために工業的によく使われます。crownとは正に、このぎざぎざの形を王冠に見立てて付けた名前です。図25-1aの分子を描いてみましょう。

　フリーハンドで描くと、最後の結合が長すぎたり、短すぎたりで、なかなか上手く描けませんが、ChemSketchを使えば楽々描けます。まずcyclopentane

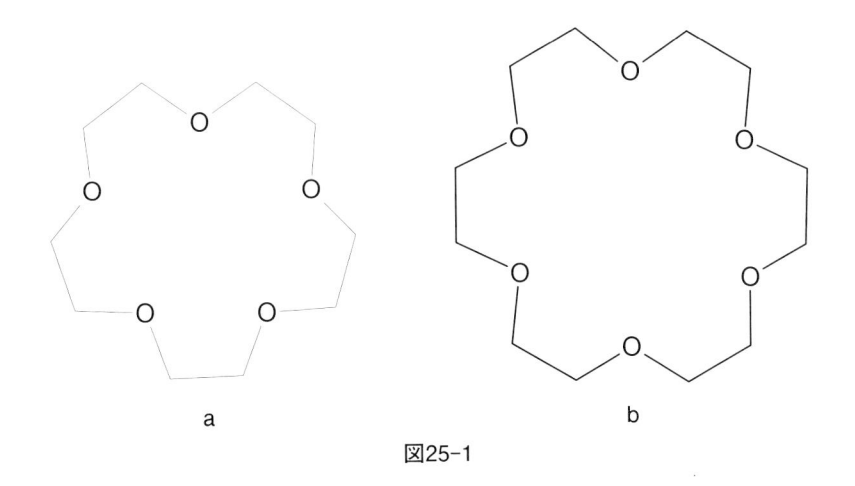

a　　　　　　　　　　b

図25-1

a b c d

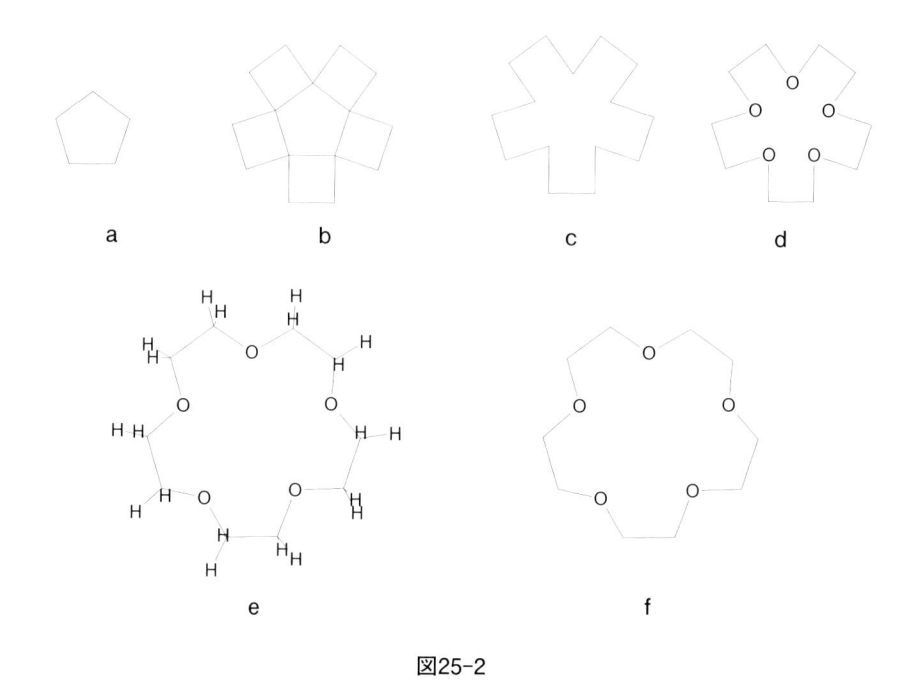

e f

図25-2

を描きます(図25-2 a)。次に各辺にcyclobutaneを縮環させます(b)。中央にある余計な結合を消しゴムツール ⌫ で消します (c)。次にO原子になるところをO原子に変換します (d)。この分子全体を選択して、3D Optimization 🜨 をクリックします。分子全体が対称になるまで何回か、最適化を繰り返して下さい (ただ単に 🜨 ボタンを何度かクリックするだけです)。その結果、「Remove hydrogens before starting optimization?」(最適化する前にH原子を除きますか?) というメッセージが出ますが、これには [No] で答えて下さい。たぶんeのような構造が得られます。次にこの構造を選択して、menu barの [Tools] の中の [Remove Explicit Hydrogens] (結合位置が自明のH原子を除く) を指

定すると、最終的な構造fが得られます {movie:crown}。図25-1 bのcrown etherの場合には、初めに六角形を描けばよいのはもちろんです。これまでこの種の構造を書くのにストレスを感じていた読者はぜひ試して下さい。

「でもTable of Radicals には八角形までしかないけれど……」という読者のために、任意の正多角形を作る方法を説明しておきましょう。とんでもない例として、正十二角形を作ってみましょう。図25-3 aのようにまずDraw Chainsモード で12個のC原子からなる鎖を描きます。次にDraw Normalモード で末端の二つのC原子間に強引に結合を作ります（b）。最後にこの構造を選択して、Clean Structureツール をクリックすれば、cのように正十

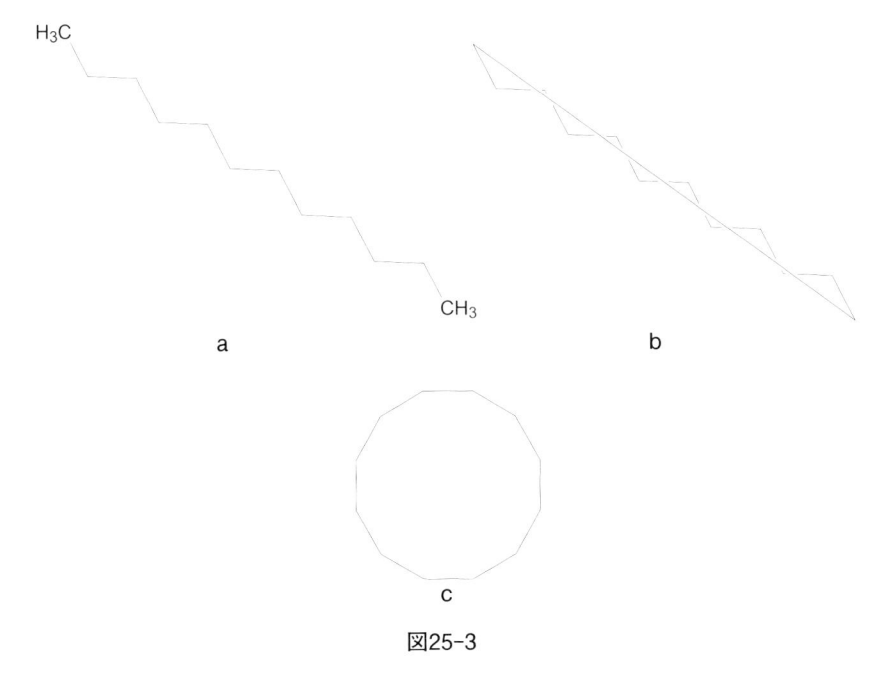

図25-3

25. 複雑な分子の描き方　191

二角形が出来上がります。

　この方法なら十一角形も描けます。もちろん正確ではありませんが、見たところは正十一角形に見えます。ということで、ChemSketchを用いれば、このような環状の化合物が非常に容易に描けます。テンプレートの「Crown Ethers」には既にいくつかのcrown etherの構造が登録されていますので、御用とお急ぎの方はこれらをまず使って下さい。

　次に複雑な環構造をもつ例として、fullerene（フラーレン）を取り上げます。fullereneはC原子のみから成り立つ同素体分子で、ダイヤモンドや黒鉛と組成が同じです。いわゆるサッカーボール型分子です。代表的なものに、C原子60個からなるC_{60}がありますが、ここでは[5,6]fullereneと呼ばれるC_{24}について描いてみます。このfullereneはC原子からなる6角形と5角形が交互に並んで出来上がっています。

　第一に、6角形を描きます（図25-4 a）。第二に、6角形の各辺上に5角形を結合させます（b）。第三に、Select/Moveツール を選択し、原子1を原子2の上にドラッグします。強引に結合を作って下さい。同様な操作を3、5、7、9、11の原子について行います。結果はcのようになるはずです。第四に、外側の頂点にC原子を付加します（d）。第五に、付加したC原子同士をDraw Continuousモード で連結します（e）。第六に、Draw Chainsモード で二重結合を交互に指定します（f）。最後に分子全体を選択して、3次元構造最適化ツール をクリックすると、分子が出来上がります（g）。

　この分子は、少しつぶれた球状をしていますが、立体的な分子ですので、3Dにもっていって見たほうがその特徴がよく分かります。操作は非常に簡単です。この分子（g）を選択して、下のメニューにある［Copy to 3D］をクリックして下さい。前に何かの操作を3D画面で行っていると、"The document ＊＊＊.s3d has been modified. Do you want to save changes?"（＊＊＊は任意の名

図25-4

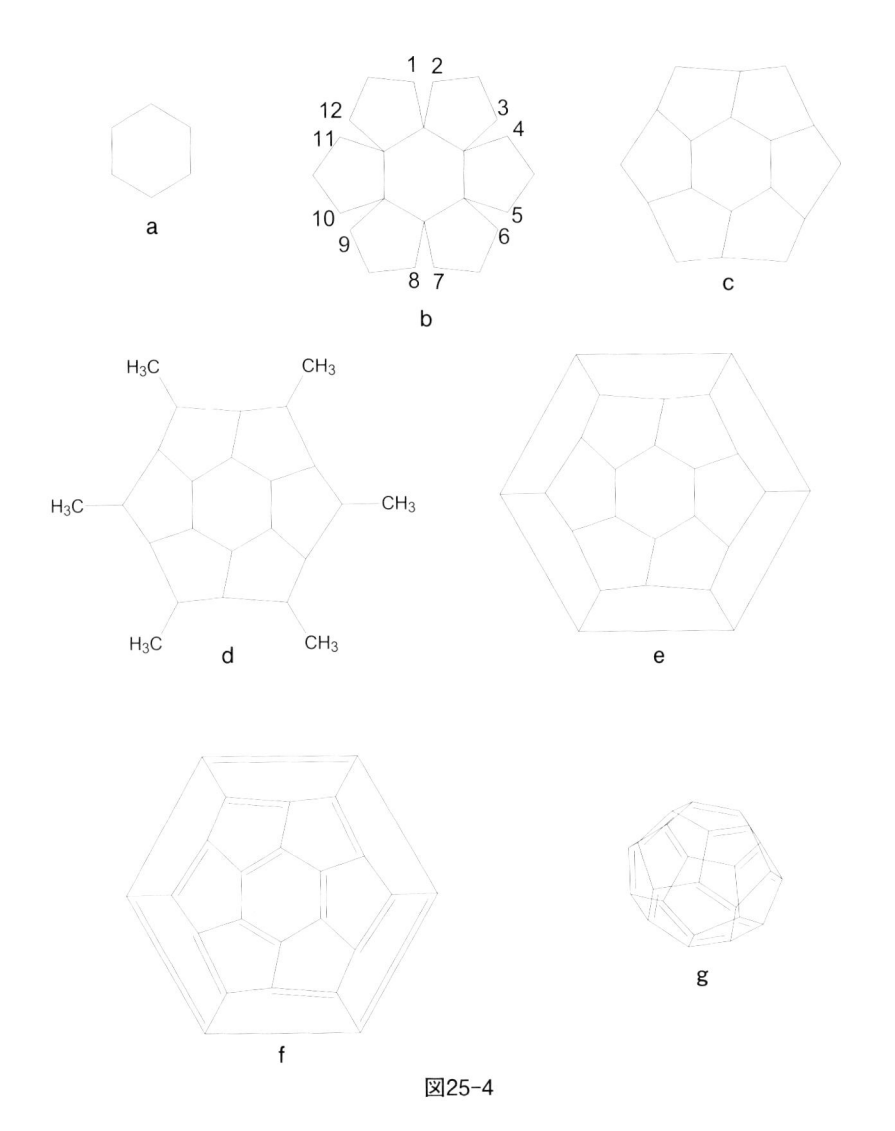

25. 複雑な分子の描き方

a　　　　　　　　　b　　　　　　　　　c

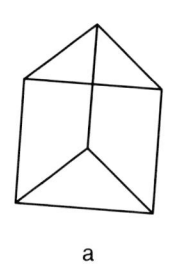

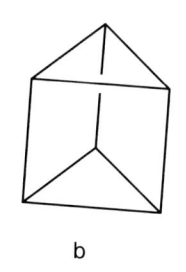

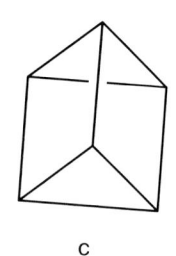

図25-5

前）というメッセージが出ますが、これに［No］と答えますと、３Ｄ画面が現れ、今作ったfullerene分子の立体構造が表示されます。元の２次元画面に戻るには、下のメニューの［ChemSk］を左ボタンでクリックして下さい {movie: fullerene}。

　gのような立体的な構造を、２次元的に表示する時には、手前の結合と奥にある結合を見やすく表示する必要があります。そのために奥にある結合と手前にある結合が交差した場合、交わったところで奥にある結合が下にあることを示すために、少し切れ目を入れる機能があります。gの分子では分かり難いので、**図25-5**のプリズム構造で説明します。三角柱をaのように表現すると上の三角の底辺は手前にあるのか奥にあるのか分かりません。そこでこの底辺を手前に見えるように、向こう側の縦の線に交差するところで、少し切ってみましょう。

　これを行うには、まずこの三角柱を選択します。その後menu barの［Options］から［Preferences...］を選び、その中の［Structure］を指定します。ここでは構造の表現について細かい設定ができます。その一つである［Bond Intersections］（結合の交差についての指定）の［Enable］にチェックを入れ、

その下の［White Space］（結合を切る幅）を0.42mmに設定し、［OK］をクリックして下さい。交差する線の一方が交差点の前後で切れることが確認できます。ところが、２次元の図では、どちらの結合が手前にあるのかが分かりませんので、ChemSketchは取りあえずどちらかの結合を切ります（b）。もし望む結合が切れていなければ、Change Position ✕ を選択し、［Shift］キーを押しながら問題の結合上にマウスのポインタを移動させます。奥にある結合が選択されるとポインタの隣に×印が出ます。その状態で左ボタンをクリックしますと、その結合が手前にきます（c）。図25-4では、［Enable］を選択していませんので、結合は単純に重なっています。このような図の方がむしろ見やすいこともあります。

26. ChemSketchのその他の機能

　この節で説明する内容は、少し初学者の領域を超えますので、初学者の方はまずは読み飛ばして、けっこうです。

　何度も説明しましたが、化学構造式は分子の特徴を記号で象徴的に表すものです。そのため、分子の全ての特性を一つの化学構造で表し尽くすことはできないので、種々の表現方法が考えられてきました。今後も新しい表現方法が考案される可能性もあります。

　ところが、コンピュータで分子を表現することを考えると、図をそのままの形で扱うのは意外と厄介です。そこで、分子を文字列で表現する方法が開発されました。コンピュータというものがほとんど実用という領域には程遠い、というより夢であった1954年（初のコンピュータENIACは1946年に完成）に既にWiswesserという科学者が化合物の構造式を文字列で表現する方法を発表していました。人間は本当に素晴らしいもので、誰かがこのように素晴らしい思いつきをしてくれます。この方法はWiswesser Line Notation（WLN）法として知られています。現在は、その発展した方法であるSMILESがよく使われています。SMILESは化学者も「にっこり」するほど簡単な表記法で、現在多くのソフトウェアの中で使われています。SMILESはSimplified Molecular Input Line Entry Specificationの略だそうですが、smiles（たくさんの微笑み）から無理やり考えた名前であることは間違いないでしょう。

　ちょっとした頭の体操のために、この節では簡単にSMILESについて説明します。SMILESの規則の大要は非常に簡単です。以下に箇条書きで述べてみます。

1．大文字で脂肪族原子を、小文字で芳香族原子を表現する
2．特別な場合以外はH原子を表示しない
3．二重結合は＝で、三重結合は#で表現し、単結合や芳香族結合は特別な場合以外は示さない。

　これだけではもちろん全ての分子を表現できるわけではありませんが、このルールに従えば、methane分子は簡単にCと表現できます。ethane分子はCCです。枝分かれした2-methylpropane分子はCC(C)Cと表します。枝分かれした先は括弧でくくってあります。cyclohexaneはC1CCCCC1と表します。初めのC1と最後のC1が環を作っていること、つまりC1から始まってC1に戻ってくることを表現しています。benzeneはc1ccccc1になります。acetic acidはCC(=O)Oとなります。

　ChemSketchには化学構造式からその化合物のSMILES表記を作り出す機能と、逆にSMILES表記に基づいて化学構造式を作り出す機能が入っています。いくつかの例を**図26-1**で見てみましょう。aは解熱・鎮痛作用を持つaspirin（アスピリン）です。そのSMILES表記を見るには、この構造をまず選択し、［Tools］の中から［Generate SMILES Notation］を指定して下さい。するとその構造式の下に、c1(ccccc1C(O)=O)OC(C)=Oと表記されます。

　このSMILES表記を解釈してみましょう。benzene環に置換した置換基のうち、大きい方はacetyl基ですから、この置換基が結合した原子を1番にします(b)。したがってc1から数え始めますが、まず括弧の中を無視すると、c1に置換したacetyl基を表現するとOC(C)=Oとなります。OC(=O)Cでも構いませんが、原子番号の大きい原子を主たる鎖と考えます。枝には小さい原子番号の原子をあてはめるようにします。括弧の中はc1から始まって、ccccと四個の芳香族C原子を経て5個目のc1まで至り、そのC原子は最初のC原子と結合して、6員環の芳香族環つまりbenzene環を構成します。また6番目のC原子には

26. ChemSketchのその他の機能　197

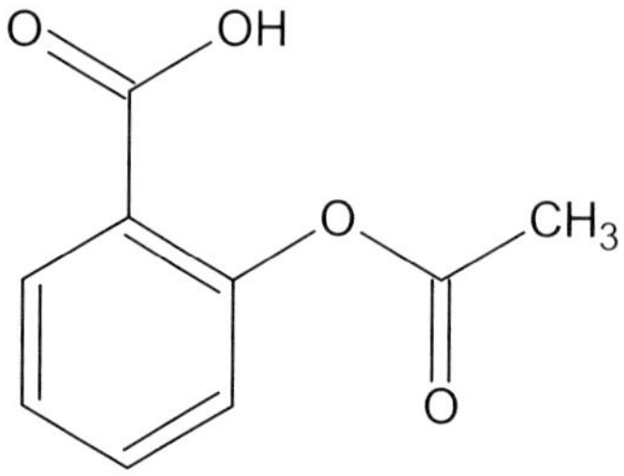

c1(ccccc1C(O)=O)OC(C)=O
a

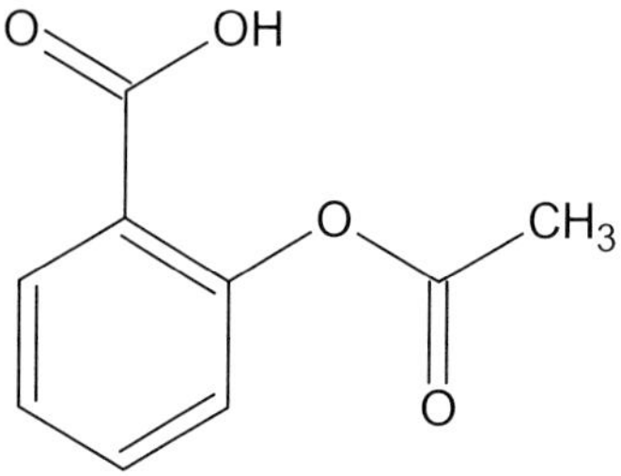

b

c1(ccccc1C(=O)O)OC(=O)C
c

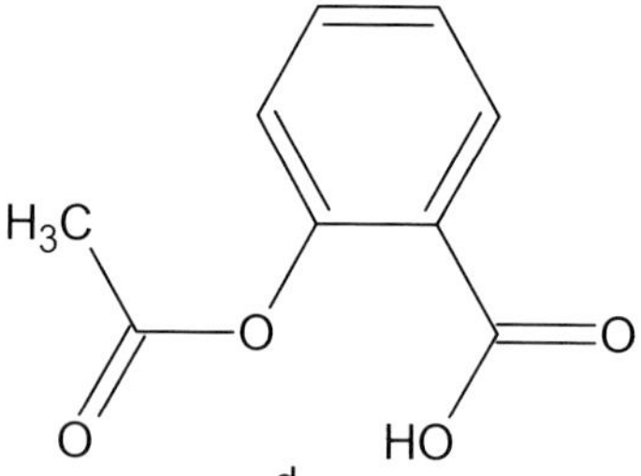

d

図26-1

carboxyl基（C(O)=O）が結合しています。carboxyl基の表現もC(=O)Oでない理由は前と同じです。

それでは天邪鬼に、c1(ccccc1C(=O)O)OC(=O)CとSMILES表記をした場合、これからaspirinの分子構造が描けるかどうかを確かめてみましょう。この表記を Draw モードでまず描き（c）、[Tools] から [Generate Structure from SMILES] を指定します。するとdに示すような化学構造が画面に出力されます。この構造がaと全く同一であることはすぐお分かりになるでしょう。このようにSMILESは柔軟な表現法です。

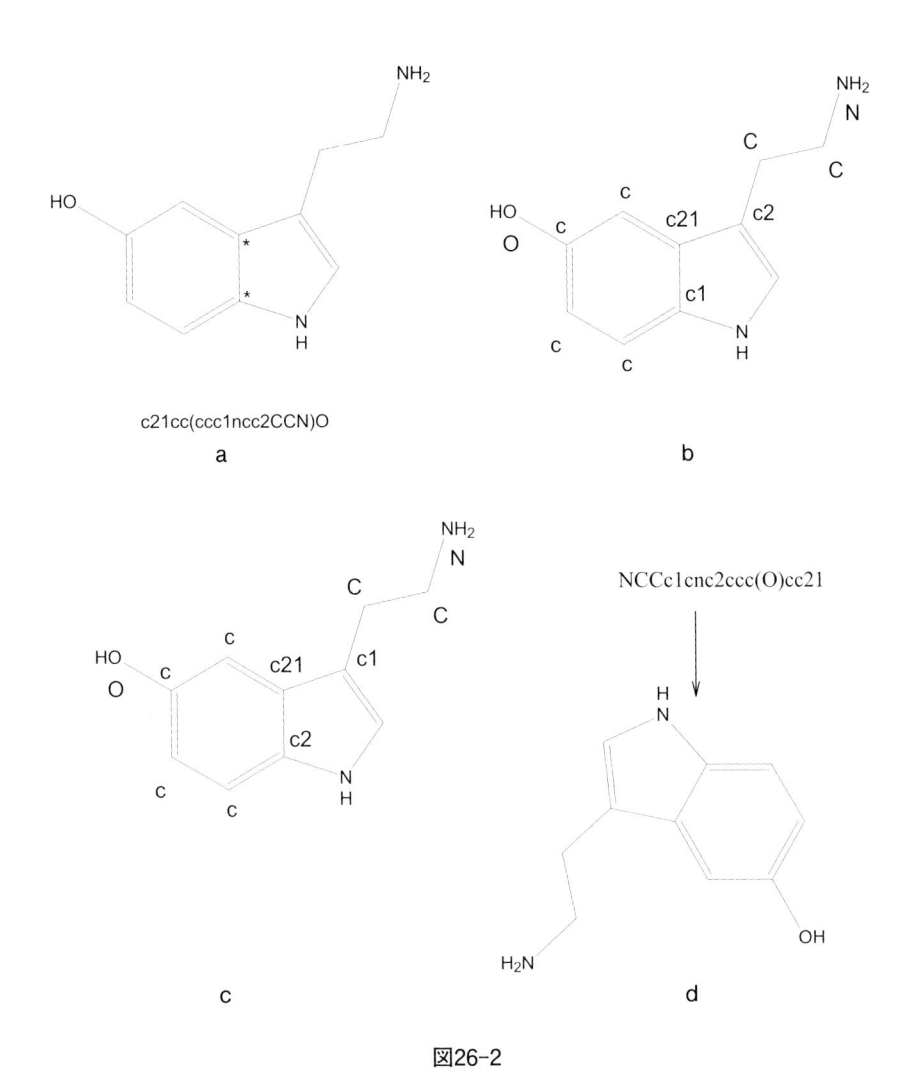

c21cc(ccc1ncc2CCN)O

a

b

c

NCCc1cnc2ccc(O)cc21

d

図26-2

26. ChemSketch のその他の機能　199

図26-2に示す分子はserotonin（セロトニン）という生物にとって重要な化合物です。この化合物は中枢神経系では情報を伝達する物質として働き、腸管では腸管の運動を促進します。この化学構造からSMILES表記を作ってみましょう。

　手続きは上で述べたとおりです。SMILES表記はc21cc(ccc1ncc2CCN)Oとなっています。これを解釈してみましょう。c21はc1からc1に及ぶ環とc2からc2に及ぶ環がこの原子上で交わっていることを意味します。元の構造を見ると、その可能性があるのは二つのC原子です。aで*をつけた原子です。種明かしをしてしまい、bのように各原子に番号を付けると簡単に理解できます。c21からccと進み、最後のcにO原子を除いた全ての原子が枝分かれとして結合すると考えます。連続の鎖としては、c21ccOということになります。枝分かれの部分はccc1ncc2CCNと一筆書きで進みます。c1とc2はc21と結合し、それぞれ環を作ります。したがってaに示したSMILES表記になります。一方、cのように番号を振れば、NCCc1cnc2ccc(O)cc21とも書けます。

　それでは、このSMILES表記からaの化学構造は描けるでしょうか？　上で行ったのと同じ手続きで行ってみましょう。dのようにaと同じ化学構造が描けました。

　さて、以上のようにSMILES表記を使うと、化学構造を文字列で表現できるようになることは理解できたと思います。でも、何とおりも表現方法があったら、困ることになります。話が少し複雑になりますので、ここでは省きますが、SMILES表記をする時の規則を決めることで、実はいつも同じように表現することが可能になります。SMILES表記は改良され、複雑な化学構造も文字列で比較的簡単に表現できます。興味のある方は次のホームページをご覧になって下さい（http://www.daylight.com/dayhtml/doc/theory/theory.smiles.html）。詳しい説明が載っています。

　最初に述べたように、SMILESはコンピュータで分子を管理するために開

発された表記法です。ある分子が既にある種のデータベースの中に含まれるかどうかをチェックする場合に、SMILES表記は威力を発揮します。もし分子の化学構造を画像データとして持ち、比較を行うとすると膨大な時間がかかってしまいます。SMILESでは、文字列の一致を調べるだけですので、データ量が圧倒的に少なくなるだけではなく、かなり高速に処理を行うことができます。

　例えば、新しい化合物を作ったと思うが、本当に今まで誰もそのような化合物を作っていないかどうか調べたい場合があります。具体的には、特許が取られている化合物（膨大な数があります）中にその化合物が含まれるかどうかをチェックする作業です。特許申請は時間を争う作業なので、迅速に検索を行う必要があります。その際、SMILESは本当の威力を発揮します。ChemSketchはSMILESの扱いを勉強するのにもお手ごろなソフトウェアと言えます。

　ここで最後の化学的な話題に移ることにします。ある種の分子は複数の化学構造を基本的に取り得ます。そのなかでどれを描くかによって、その分子の性質についての認識が変わります。もちろん化学的な判断力が十分にある研究者であれば、一つの構造から別の構造の存在も容易に推測することが可能です。しかし、化学を特に専門的に勉強していない人にはなかなか容易ではありません。これまでにも何度も述べていますが、種々の化学構造の表記法はあくまである側面からその分子を見て、象徴的に表記しているのですから、その分子の全ての性質がその記号の上に顕在化しているわけではありません。私は、このように知識をシンボライズできる人間の能力にいつでも感心している一人ですが、科学とはある意味で自然現象を、そして場合によっては精神をも記号化することであるとも言えるかも知れません。そういう意味で科学において使われる記号の発展は、言語の発展と共に非常に興味深いテーマです。前置きはこのくらいにして、最後のトピックである互変異性の話にもどりましょう。

図26-3

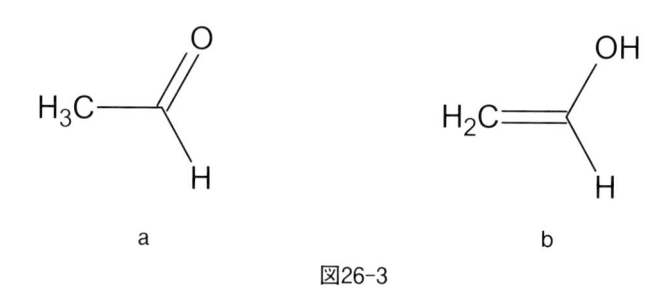

　互変異性（tautomerism）とはその字のとおり、「互いに変わる」性質です。英語tautomerismはギリシャ語のtauto（同じ）とmeros（部分）から作られた言葉です。acetaldehyde（アセトアルデヒド）は普通図26-3 aのように表されますが、溶液中ではb のような構造もわずかに取り得ることが分かっています。これは、bの構造ではO原子に結合しているH原子が容易に外れることに起因しています。しかし、acetaldehydeがaldehyde（アルデヒド）としての性質を示すのはaのような化学構造によるものなので、一般的にはaのように表すことになっています。ですからベテランの化学者であれば、aを見ながらもbのような寄与のあることを頭で考えることができます。

　aとbは平衡状態になっていると原則的には考えられますが、多くの場合このような平衡はどちらかに大きく偏っているので、現実的に多く存在しているのはどちらの形であるかを知ることは重要です。図26-4の例について見てみましょう。aの分子はcyclohexanone（シクロヘキサノン）ですが、carbonyl基がhydroxy基になる構造も存在します。しかし下側の形で存在する割合は0.00004％と圧倒的に少ないのが普通です。bに示すacetone（アセトン）でもやはり上に示すcarbonyl基型（これをketo（ケト）型と言います）が下のhydroxy基型（これをenol（エノール）型と言います）に比較して圧倒的に多く（99.9999995％）存在しています。それでは、別にenol型なんて（誤差範囲

a   b

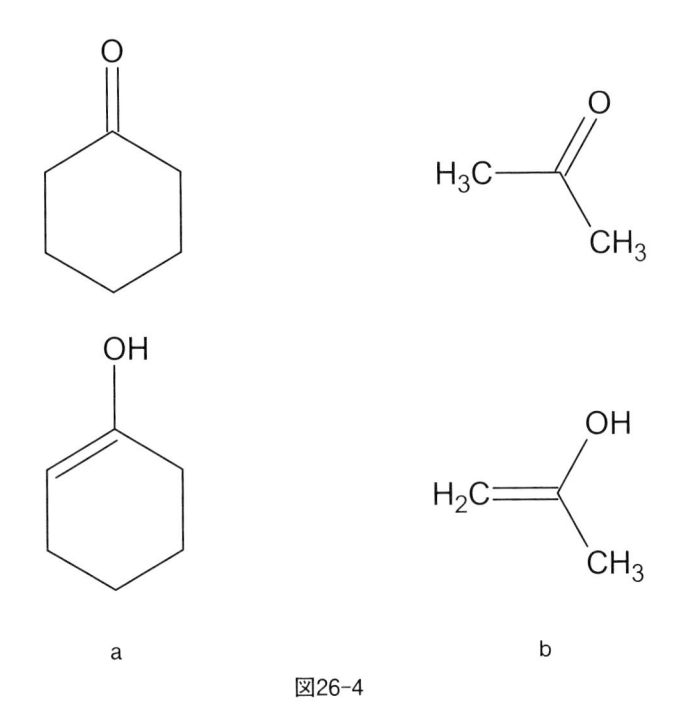

図26-4

ということで）無視すればよいのではないかと思うかも知れません。しかし化学反応が進む理由などを考える時に、このenol型が大きく寄与していることがあり、このような状態が存在できることを知っているか否かで、化学反応への理解が大きく変わります。

　また、たまたま描いた化学構造が下の型であった場合、その分子が通常の状態で存在する時の化学構造の表記としては正しくはないということにもなります。acetoneは普通に実験室で使われる有機溶媒ですが、その普通の性質を考える場合、enol型の構造式はふさわしくありません。したがってenol型と表記することは、誤りでないにしても、適切ではありません。

有機電子論という有機化学の一分野を学ぶと、これらの互変異性の理由を深く理解でき、ベテランの化学者のように容易に上から下の化学構造を想像できますが、初学者や化学を専門としない方には、これはなかなか難しいことです。しかし、幸いなことにChemSketchには互変異性について簡単に教えてくれる機能がありますので、これを使えばたいていの目的には十分です。操作も実に簡単です。

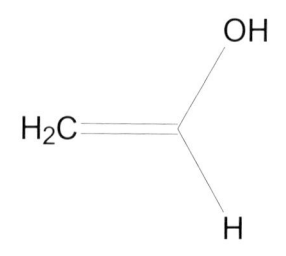

acetaldehyde

図26-5a

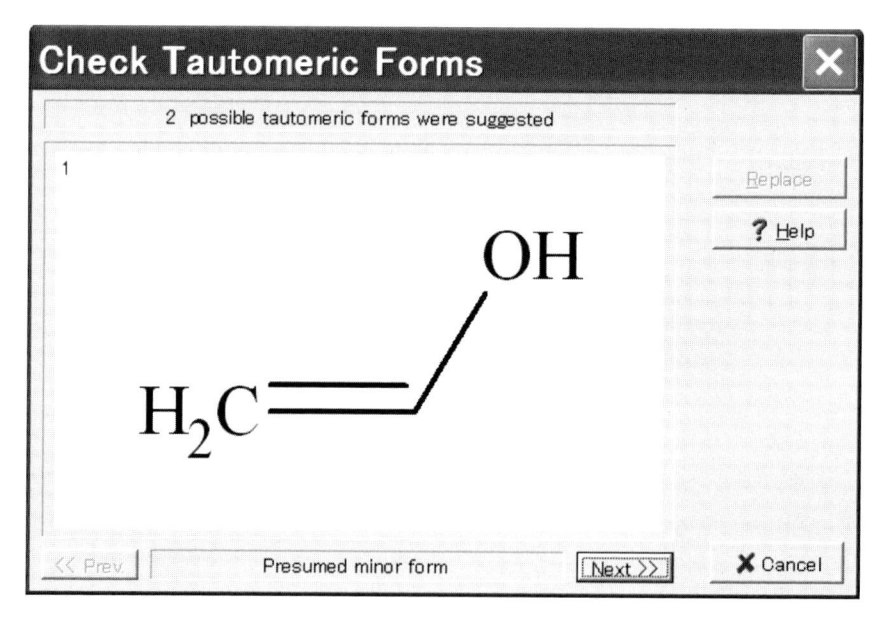

図26-5b

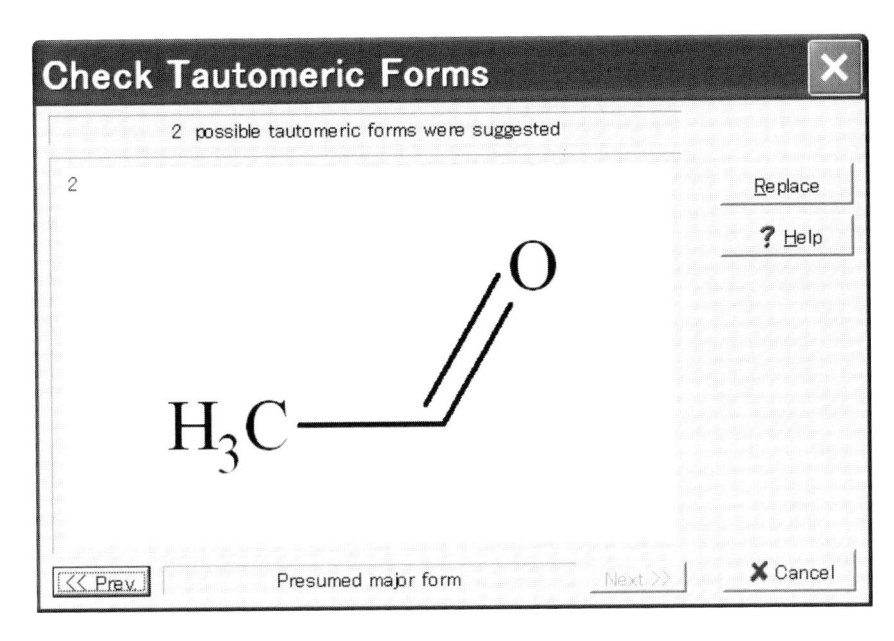

図26-5c

例えば図26-5aのようにacetaldehydeのenol型を描き、その分子を選択した状態でmenu barの [Tools] にある [Check Tautomeric Forms] を指定します。すると図26-5bのような画面が現れます。この画面の上には、"2 possible tautomeric forms were suggested"（2個の可能な互変異性体が存在する）というメッセージが出ます。また下のメッセージの欄には、現在表記されている互変異性体は "Presumed minor form"（寄与が少ないと考えられる型）であることが表記されます。つまりChemSketchはenol型の寄与が少ないことを教えてくれます。

この画面の右下の [Next] を押してもう一つの構造を見て下さい。図26-5cの

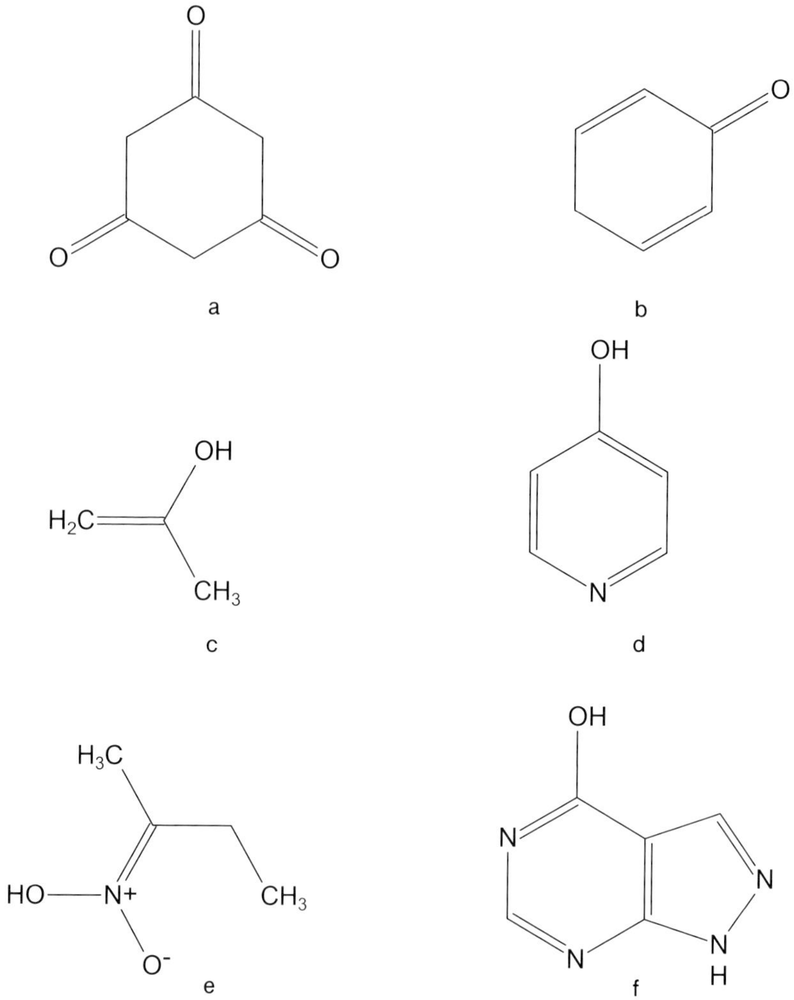

図26-6

ように別の構造が表示されます。今度はketo型が表示され、"Presumed major form"（主要な互変異性体）であることを教えてくれます。この状態で右上の[Replace]というボタンを押すと、最初に描いたenol型がketo型に置き換わります。最初からketo型を描いて、互変異性体の可能性をChemSketchに聞くと、"The drawn chemical structure seems to be the most favorable tautomeric form"というメッセージが出て、現在描いた構造が最も存在する可能性の高い互変異性体であることを確認してくれます。

　図26-6にいくつかの構造式を示しましたので、それらの互変異性体の可能性をチェックしてみて下さい。fのallopurinol（アロプリノール）は痛風や高尿酸血症の治療に現在使われている医薬品です。たいていの（ほとんどと言ってよいでしょう）医薬品に関する本の中では、fのような化学構造が採用されていますが、ChemSketchでチェックすると、どうもそれが疑わしいことが分かります。この分子の互変異性体をチェックすると、実に5種類の構造が可能であることが分かります。"Conditions-dependent form"というメッセージが出ますが、これはこの分子がおかれる溶液の酸性度（pH）によって生じる互変異性体であることを示します。

　「本に載っている構造が最もあり得ない構造」であるという点が興味深くもあり、また何となく恐ろしい気もするところです。なぜなら多くの医薬品従事者は多分この構造に基づいて物事を考えているからです。確かに互変異性体として存在しますが、最も存在の可能性の低い形を見ているのですから、そこから出てくる判断には問題が少なからずあることが容易に予想できます。実はこのような例は他にもずいぶんあります。化学構造をどのように表現するかには任意性が入りますが、どの表現方法を取るかによって、得られる情報には大きな差が出てくる事を改めて感じて頂けたでしょうか？　{movie:allopurinol}

27. ChemSketchと他のソフトウェアとのやり取り

　ChemSketchで描いた図は、日々の勉強、研究そして仕事にも十分役に立ちます。しかし、宿題、レポート、報告書そして発表会に使えれば、さらに言うことなしです。そして、もちろんできます。ChemSketchは他の「お絵かき」用のソフトウェアと同じように、その図をワープロ・ソフトウェアなどで活用することができます。この節では、そのような目的を達成するための方法を簡単に述べることにします。

　まずMicrosoft社の「Word」の文章中に図を入れる方法です。

　操作は実に簡単で、まずChemSketchで描いた図を選択します。次に、menu barにある［Edit］の［Copy］機能を利用して（あるいは簡単に［Ctrl＋C］）その図をコンピュータのメモリーに記憶させます。Wordの文章の適当なところで、メニューバーの［編集］から［貼り付け］機能を選択すれば（あるいは［Ctrl＋V］）、文章中にその図を貼りこめます。

　一つの例を図27-1 aに示します。この反応式を文章中に入れるので、あまり図を大きくできません。そこで、まず描く原子記号の大きさとそれを結ぶ結合の長さを適切な値に設定します。ChemSketchではこれらの値を任意に設定できます。ただ原子記号の大きさとそれを結ぶ結合の長さおよび太さのバランスを適切に取らないと、間延びしたり、窮屈な図になってしまいます。たいていの化学系の学術雑誌では、バランスを取るためのそのような値を、論文の投稿規定の中で規定しています。なるべくそれらに準じて図を作っておくと、論文の投稿には便利かも知れませんが、発表する場所や目的に応じて、もっとも見やすいバランスの図にすることが必要です。

　これらの値を設定するには、 Structure モードのmenu barの［Tools］から［Structure Properties］を選択します。図27-2のような小窓で種々の設定が

図27-1

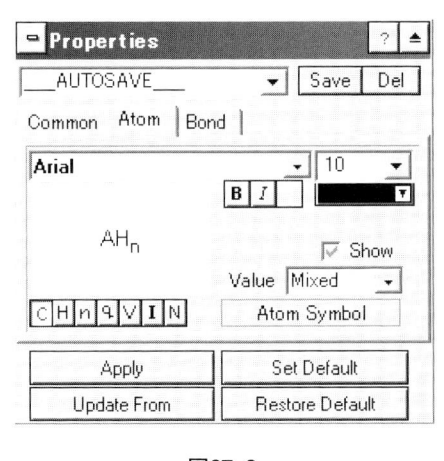

図27-2

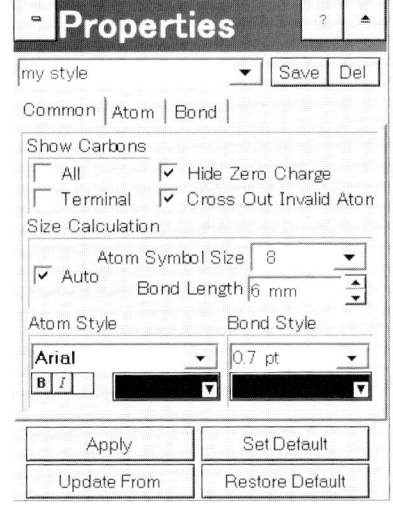

図27-3

27. ChemSketchと他のソフトウェアとのやり取り

『アセトアニリドの製法』

アニリンに無水酢酸を反応させると、アセトアニリドが生じる。無水酢酸の代わりに、酢酸を加え、煮沸してもよい。

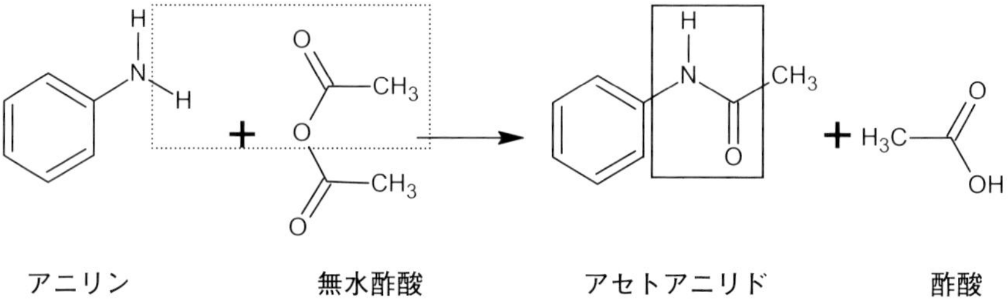

| アニリン | 無水酢酸 | アセトアニリド | 酢酸 |

この反応で新たに生じる四角で囲んだ部分の結合をアミド結合という。アミド結合を持つ化合物を一般にアミドと呼ぶ。アミノ酸のアミノ基とカルボキシル基の反応で生じるアミド結合は、ペプチド結合と呼ばれる。すなわちペプチド結合はアミド結合の一種である。

図27-4

可能になります。あまりたくさん設定項目があるので、最初はむしろ戸惑うかもしれません。ここで設定できる内容は大きく分けて［Common］、［Atom］そして［Bond］です。詳しい設定の仕方は徐々に覚えてください。取りあえず当面の目的を達成するために［Common］の中ほどにある［Auto］のチェックを外してから、その右にある［Atom Symbol Size］（原子記号の大きさ）を8ポイントに、［Bond Length］（結合の長さ）を6mmに設定して下さい（図27-3）。［Atom］のところの設定値は変えずに、［Bond］のところで、左下にある二重結合の印をクリックして、［Between］のところの数字を1mmに設定して下さい。設定した時には必ず［Apply］のボタンを押して設定を確実にして下さい。［Update From］（書式の更新）を選択すると、作業中の作図には

全てこの設定が適用されます。この条件を標準的な設定に戻したい場合には、[Set Default]を選択してください。作図の途中で条件を変え、また標準設定に戻したい時には、[Restore Default]（標準設定への復帰）を選択して下さい。注意して欲しいのは、明示的に標準（default）として設定した条件が標準設定になります。ChemSketchの最初の設定に戻したい場合には、[Common]の上にある設定窓で「Normal」を選択して下さい。

　使用した任意の条件を保存することもできます。保存をするには、[Common]の上にある設定窓に保存したい設定（スタイル）の名前を入れて（例えばmy style）、[Save]して下さい。この機能は便利で、気に入った作図ができる条件を複数登録しておけますので、条件をメモしておく必要もありません。図27-1 bはこの新しいStyleで描いた図です。この図全体を選択して、コピーして下さい。この図は、Wordの画面に貼り込むことができます。それを行うにはWordの作業画面の適当な場所でペーストすれば可能です（**図27-4**）。Wordの画面上で、この図を任意の位置に移動できるようにするには、図を選択してWordのメニューバーの［書式］から、例えば［オブジェクト］→［レイアウト］→［四角］と選択して下さい。この図の周りに８個の小さな白丸が現れれば、マウスの左ボタンでドラッグすることにより、この図を画面上の任意の場所に移動することが可能になります。このように、化学構造式の入った文書を作ることも簡単にできます。

　最近では、学術的な研究会やビジネスの世界でのプレゼンテーションではもちろんですが、大学の卒業論文の発表会でもコンピュータを使用することが多くなってきています。このような発表会用にかつて使われた35mmスライドは、今ではほとんど使われなくなっており、オーバーヘッド・プロジェクターを買い換える話はまず聞くことがありません。こうした発表に現在もっともよく使われているのがMicrosoft社の「PowerPoint」というソフトウェアです。このソフトウェアは液晶プロジェクターを使った発表用だけでなく、それを

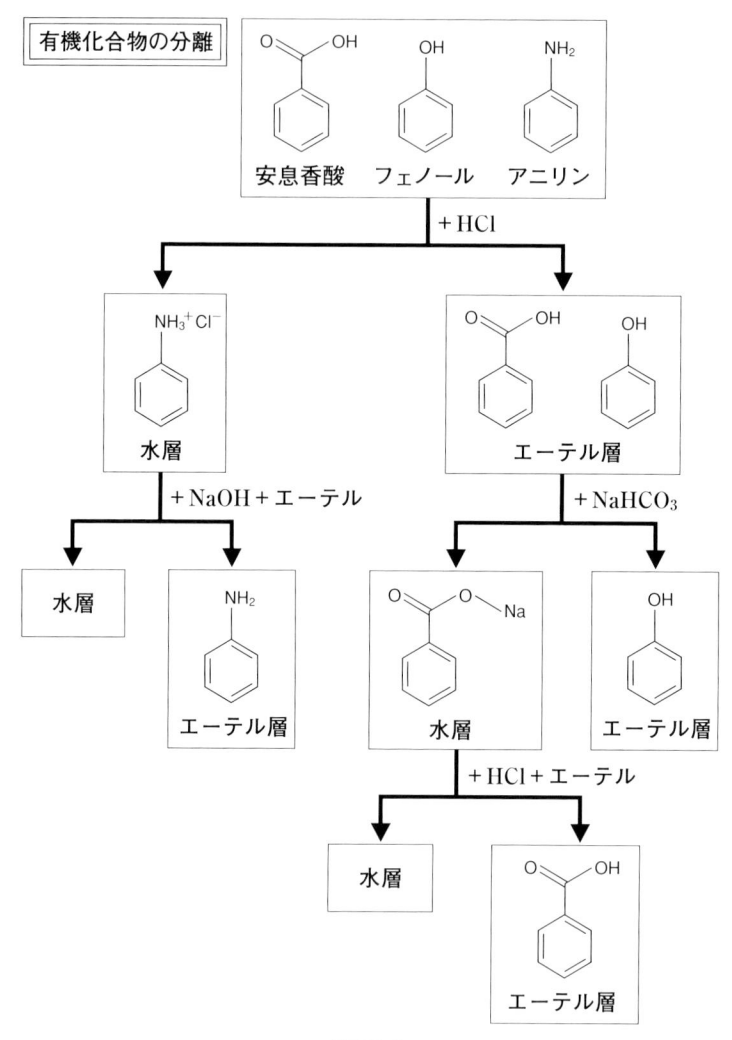

図27-5

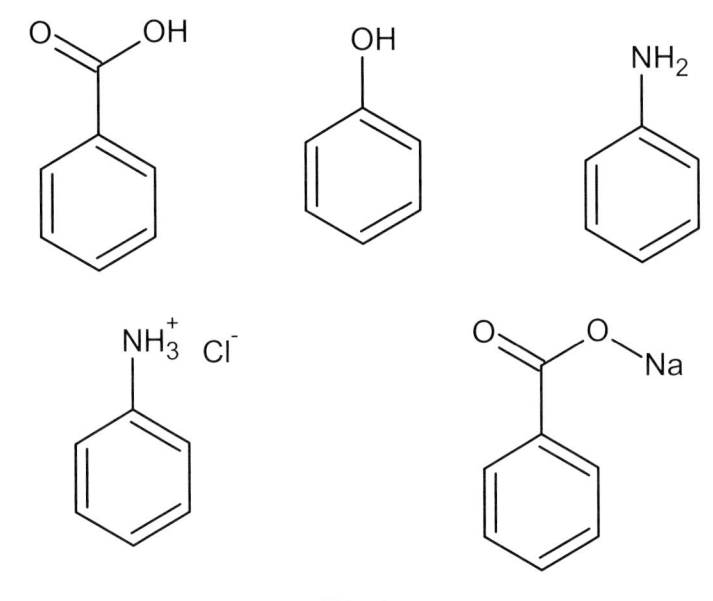

図27-6

印刷してポスターやパネルを作るのに利用することもできます。画像データを簡単に取り込むことができ、動画も取り入れられますので、少なくとも理工系の大学の講義ではPowerPointが非常に多用されるようになってきています。

　ChemSketchで作った化学構造式は、簡単にPowerPointに使用することができます。Wordでは**図27-5**のような図を作るのはなかなか容易ではありません。Wordはもともと文章作成用のソフトウェアですので、図を配置するのは得意ではありません。図27-5を作成するには、まず各化学構造をChemSketchで作ります（**図27-6**）。独立な構造だけを作れば十分です。それらの図をコピーすることで、図27-5が作れます。実験装置の組み立てのところで示した図21-5は「CorelDRAW」というソフトウェアで作成したものですが、PowerPointで

27. ChemSketchと他のソフトウェアとのやり取り　213

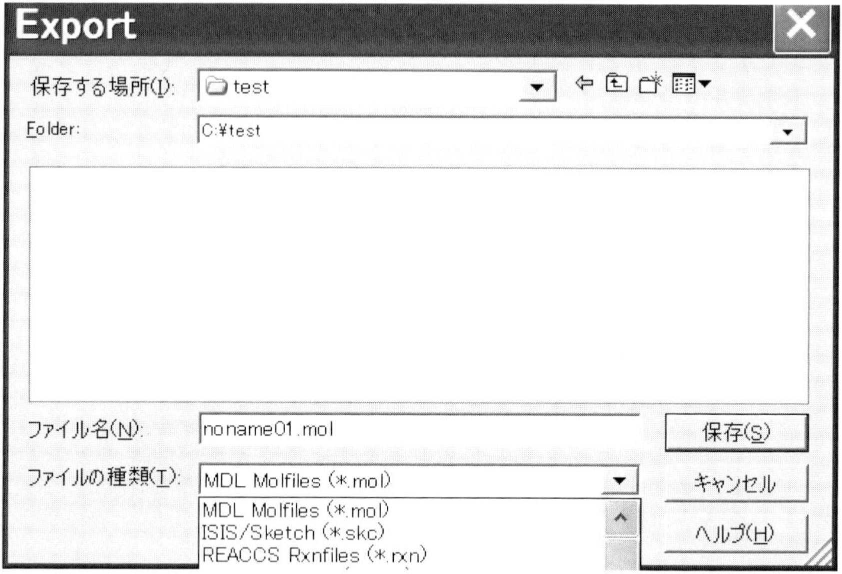

図27-7

も同様の図を作ることができます。PowerPointで作成した図はもちろんWordで作った文章の中に貼り込むことも可能です。

　化学構造式を表現するソフトウェアとして、ChemSketch以外に使われているものがいくつかあります。その代表が、「ChemDraw」と「ISIS/Draw」です。学術雑誌によっては、これらのソフトウェアで作った構造式のファイルの提出を求めます。また他の研究者と化学構造式をファイルで交換する時にも、これらのソフトウェアで読める形式に変換する必要が出てきます。使用したソフトウェアが異なるために、そのデータの互換性がなくて苦労することは多いものです。化学構造式は、IUPAC名やSMILESで表現することも可能ですが、やはり見た瞬間に理解できるという点では、化学構造式の方が圧倒的に有

利です。

　ChemSketchには、ChemSketchで描いた化学構造式を種々のファイル形式で出力したり、他のソフトウェアで作られた化学構造式を読み込んで、ChemSketchの形式にする機能があります。したがってChemSketchさえあれば、世界中の科学者と化学構造式のやり取りができます。

　これらの作業を行うには、menu barの［File］から［Export...］または［Import...］を指定して下さい。例えば［Export...］を指定して、ChemSketchのファイルを別の形式で出力する場合には、**図27-7**のような画面が現れます。いちばん下の窓で出力するファイルの形式を選択できます。ChemDrawならchm、ISIS/Drawならskcというのがそれぞれのファイル形式を示す拡張子です。他のファイル形式からChemSketchの形式に読み込む場合も同じような操作をして下さい。使用している別ソフトウェアのファイルの形式が分かれば、たいていの場合に適用できるようになっています。

　出力書式の中には化学構造式を画像データとして出力できるものもあるので、画像データとして扱うことも可能です。もちろん、画像データにしてしまうと、その化学構造式の修正は可能ではありません。このようにChemSketchは無償ソフトウェアですが、他のソフトウェアとのデータのやり取りにも十分配慮がされていますので、実務にも十分使用することが可能です。

28. ChemSketchのインストールの仕方

　本書に添付されたCD-ROMには、「ChemSketch」のVersion 5.12が入っています。このソフトウェアは制作会社であるAdvanced Chemistry Development Inc.（以下ACD社）のホームページからダウンロードできる無償ソフトウェアですが、読者の便宜を図るため、ACD社の了解を得て、本書に添付してあります。

　ChemSketchのインストールは非常に簡単です。まずインストールするための条件は次のとおりです。ChemSketchはWindowsの下で動きますが、Macintoshでは動きませんので、注意して下さい。OSはWindows98以上をお奨めします。ハードディスクの容量は最低でも10Mbは空きがあるようにして下さい。ChemSketchは比較的軽いソフトウェアですので、メモリーは128Mbあれば十分動きます。

　本書の添付CD-ROMには、「ChemSketch」という名前のフォルダーがあります。
その中には次のようなファイルがあります。

　　chemsk50.exe ----ChemSketchのソフトウェア本体です
　　chemsk.pdf -------ChemSketchの英文マニュアル（pdf形式）
　　chsk35_j.pdf------ChemSketchの日本語マニュアル（ver.3.5の古いものですが有用です）
　　3d.pdf ------------3D Viewerの英文マニュアル（pdf形式）
　　3d.doc ------------3D Viewerの英文マニュアル（Word形式）
　　3d_j.pdf ----------3D Viewerの日本語マニュアル（pdf形式）

　pdf形式のマニュアルを読むためには適当な別のソフトウェアが必要になり

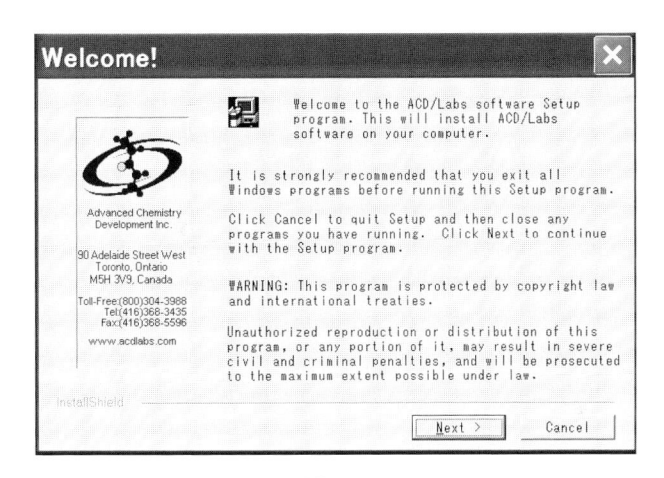

図28-1

ますので、各自それらはインストールして下さい。

　インストールするには、「chemsk50.exe」をマウスの左ボタンでダブル・クリックして下さい。しばらくすると**図28-1**のような画面が出ます。もし他のソフトウェア（例えばWordとかExcelなど）を使用している場合には、それらのソフトウェアの実行を停止して下さい。「このプログラムは制作者であるACD社に無断でコピーして配布することは禁止されています」という使用条件を了解した場合には、［Next］をクリックして下さい。次にさらに詳しいソフトウェアの使用条件が表示されます。基本的には、普通のコンピュータ・プログラムの使用に関する契約項目とほぼ同じことが書かれています。「このソフトウェアはAdvanced Chemistry Development Inc.の著作物であり、同社がその著作権を持ってますので、それを遵守する形でソフトウェアを使用して下さい」について［Yes］をクリックすると、この条件を了解してこのソフトウェアの使用を開始することになります。

　次に現れる**図28-2**の画面で、このソフトウェアをインストールするディレク

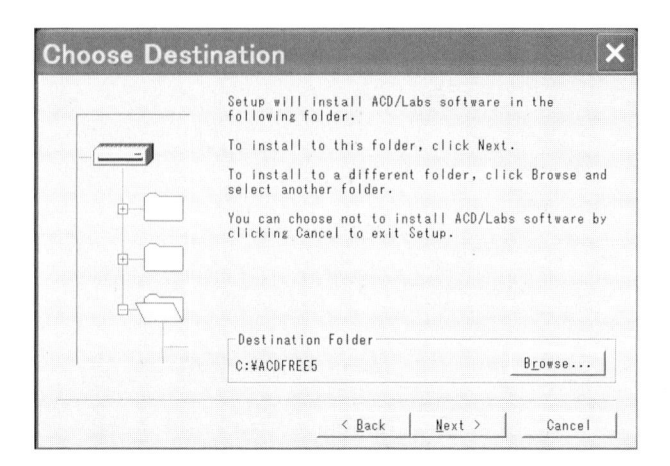

図28-2

図28-3

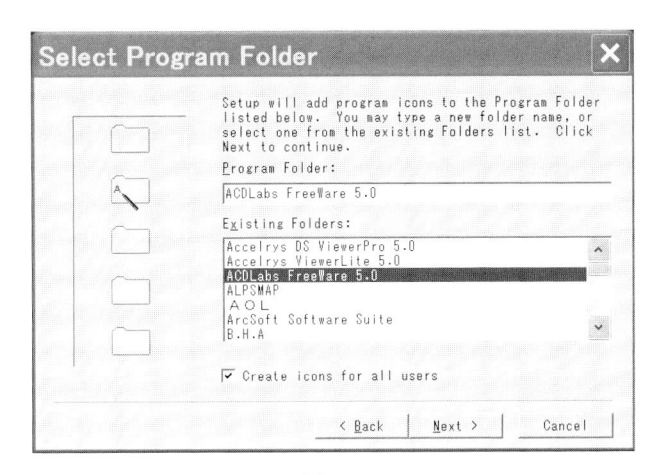

図28-4

トリとフォルダーを指定できます。設定後に、[Next]をクリックして下さい。次の画面(図28-3)で、インストールするプログラムが選択できます。本書ではすべてのプログラムの機能を説明しますので、すべてを指定して下さい。[Next]をクリックすると、図28-4の画面でこのソフトウェアを置くフォルダー名を指定できます。通常はこの設定を変える必要がありませんので、迷わず[Next]をクリックして下さい。図28-5の画面が現れ、インストール開始の確認をしてきます。普通は直ちに[Next]をクリックして、インストールを開始してください。

ソフトウェアのインストールが正常に完了すると、図28-6のような画面が出ます。[Finish]をクリックすると完了です。別のウィンドウにChemSketchと3D Viewerのショートカットが表示されますので、ショートカットを使いたい方はこれをデスクトップに移して下さい。これでChemSketchのインストールは完了です。

ChemSketchをコンピュータから消去(アンインストール)するには、Windows

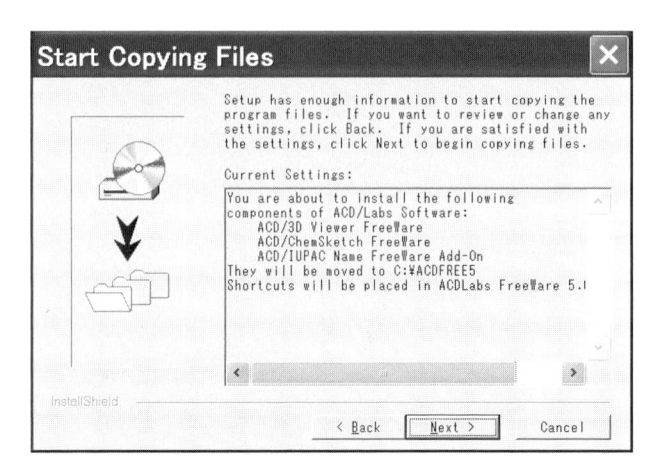

図28-5

図28-6

の［スタート］から「すべてのプログラム(P)」を選び、「ACDLabs FreeWare 5.0」の「Uninstall ACD Labs software」を指定すれば可能です。

　ChemSketchは今後も改良されていくソフトウェアです。本書で学習された方が更に最新のソフトウェアと情報を得るためには、是非ACD社のホームページ（http://www.acdlabs.com/resources/freeware/chemsketch/）を定期的にご覧になることをお奨めします。

　添付CD-ROMにはChemSketchのソフトウェア以外に、医薬品やビタミンなど100種余りの分子の3次元構造データを収録した「3D model」というフォルダー、「user_templates」ファイルを入れた「user_templates」フォルダーそして本文中の主要な操作を動画で収めた「movie」のフォルダーが入っています。「user_templates」にある「hs_」というファイルには、高等学校の教科書で主に出てくる80種余りの有機化合物の化学構造式がはいっています。これらのファイルは適宜、CD-ROMからChemSketchの作業を行うフォルダーにコピーして使用して下さい。

付録・さくいん

主な原子・分子・化学用語の英語表記

【あ行】

アインスタイニウム	einsteinium
亜鉛	zinc
アクチニウム	actinium
アクリロニトリル	acrylonitrile
アジピン酸	adipic acid
アスタチン	astatine
アスパラギン	asparagine
アスパラギン酸	aspartic acid
アセチルセルロース	acetylcellulose
アニリン	aniline
アミノ基	amino group
アミノ酸	amino acid
アミラーゼ	amylase
アミロース	amylose
アミロペクチン	amylopectin
アミン	amine
アメリシウム	americium
アラニン	alanine
アルギニン	arginine
アルコール	alcohol
アルゴン	argon
アルデヒド	aldehyde
アルブミン	albumin
アルミニウム	aluminium
アンチモン	antimony
アンモニア	ammonia
硫黄	sulfur
イソプレン	isoprene
イソロイシン	isoleucine
一酸化炭素	carbon monoxide
イッテルビウム	ytterbium
イットリウム	yttrium
イリジウム	iridium
陰イオン	anion
インジウム	indium
インスリン	insulin
インベルターゼ	invertase

ウラン	uranium	キセノン	xenon
エステル	ester	キュリウム	curium
エタノール	ethanol	金	gold
エタン	ethane	銀	silver
エチルアルコール	ethyl alcohol	グリコーゲン	glycogen
エチレン	ethylene	グリコール	glycol
エチレングリコール	ethylene glycol	グリシン	glycine
エボナイト	ebonite	クリプトン	krypton
エルビウム	erbium	グルタミン	glutamine
塩化アンモニウム	ammonium chloride	グルタミン酸	glutamic acid
塩化銀	silver chloride	グロブリン	globulin
塩化水素	hydrogen chloride	クロム	chromium
塩化鉄	iron chloride	クロム酸カリウム	potassium chromate
塩化ナトリウム	sodium chloride	クロロプレン	chloroprene
塩化ビニル	vinyl chloride, chloroethylene	クロロプレンゴム	chloroprene-rubber
塩酸	hydrochloric acid	ケイ酸ナトリウム	sodium silicate
塩素	chlorine	ケイ素	silicon
オクタン	octane	ケラチン	keratin
オスミウム	osmium	ゲルマニウム	germanium

【か行】

		合成ゴム	synthetic rubber
過酸化水素	hydrogen peroxide	合成樹脂	synthetic resin
カタラーゼ	catalase	合成繊維	synthetic fiber
果糖	fruit sugar, fructose	酵素	enzyme
カドミウム	cadmium	五酸化二窒素	dinitrogen pentoxide
ガドリニウム	gadolinium	コバルト	cobalt
カプロラクタム	caprolactam	コラーゲン	collagen
ガラクトシダーゼ	galactosidase		

【さ行】

カリウム	potassium	酢酸	acetic acid
ガリウム	gallium	酢酸ナトリウム	sodium acetate
カリホルニウム	californium	酢酸ビニル	vinyl acetate
カルシウム	calcium	サッカラーゼ	saccharase
カルボキシル基	carboxyl group	サマリウム	samarium
ギ酸	formic acid	酸化マンガン	manganese oxide

酸素	oxygen
ジアスターゼ	diastase
ジエン	diene
システイン	cysteine
ジスプロシウム	dysprosium
シーボーギウム	seaborgium
臭素	bromine
硝酸	nitric acid
硝酸エステル	nitric ester
硝酸カリウム	potassium nitrate
硝酸銀	silver nitrate
ショ糖	cane sugar, sucrose
シリカゲル	silica gel
ジルコニウム	zirconium
水銀	mercury
水酸化カリウム	potassium hydroxide
水酸化ナトリウム	sodium hydroxide
水酸基	hydroxy group
水素	hydrogen
スカンジウム	scandium
スズ	tin
スチレン	styrene
ストロンチウム	strontium
スルホン酸	sulfonic acid
セシウム	caesium
セリウム	cerium
セリン	serine
セルロース	cellulose
セレン	selenium

【た行】

多糖	polysaccharide
タリウム	thallium
タングステン	tungsten
炭酸カルシウム	calcium carbonate
単純タンパク質	simple protein
炭水化物	carbohydrate
炭素	carbon
タンタル	tantalum
単糖	monosaccharide
タンパク質	protein
チオシアン酸カリウム	potassium thiocyanate
チオ硫酸ナトリウム	sodium thiosulfate
チタン	titanium
窒素	nitrogen
チロシン	tyrosine
ツリウム	thulium
デカン	decane
デキストリン	dextrin
テクネチウム	technetium
鉄	iron
テフロン	polytetrafluoroethylene
テルビウム	terbium
テル	tellurium
デンプン	starch
糖	sugar
銅	copper
ドブニウム	dubnium
トリウム	thorium
トリプシン	trypsin
トリプトファン	tryptophan
トレオニン	threonine

【な行】

ナトリウム	sodium
鉛	lead
ニオブ	niobium
二酸化硫黄	sulfur dioxide

二酸化ケイ素	silicon dioxide	フェノール	phenol
二酸化炭素	carbon dioxide	フェルミウム	fermium
二酸化窒素	nitrogen dioxide	複合タンパク質	conjugated protein
ニッケル	nickel	ブタジエン	butadiene
二糖	disaccharide	フタル酸	phthalic acid
ニトロセルロース	nitrocellulose	ブタン	butane
乳糖	milk sugar, lactose	フッ素	fluorine
尿素	urea	ブドウ糖	grape sugar, glucose
ニンヒドリン	ninhydrine	プラセオジム	praseodymium
ネオジム	neodymium	フランシウム	francium
ネオン	neon	プルトニウム	plutonium
ネプツニウム	neptunium	プロトアクチニウム	protactinium
ノナン	nonane	プロパン	propane
ノーベリウム	nobelium	プロメチウム	promethium

【は行】

		プロリン	proline
麦芽糖	malt sugar, maltose	ヘキサメチレンジアミン	hexamethylenediamine
バークリウム	berkelium		
白金	platinum	ヘキサン	hexane
ハッシウム	hassium	ペプシン	pepsin
バナジウム	vanadium	ヘプタン	heptane
ハフニウム	hafnium	ペプチダーゼ	peptidase
パラジウム	palladium	ペプチド	peptide
バリウム	barium	ヘリウム	helium
バリン	valine	ベリリウム	beryllium
ビスコース	viscose	ペンタン	pentane
ヒスチジン	histidine	ホウ素	boron
ビスマス	bismuth	ポリアミド	polyamide
ヒ素	arsenic	ボーリウム	bohrium
ヒドロキシ基	hydroxy group	ポリエチレン	polyethylene
ビニルアルコール	vinyl alcohol	ポリスチレン	polystyrene
ビニル基	vinyl group	ホルマリン	formalin
フィブロイン	fibroin	ホルミウム	holmium
フェニルアラニン	phenylalanine	ホルムアルデヒド	formaldehyde

ポロニウム	polonium		

【ま行】

マイトネリウム	meitnerium
マグネシウム	magnesium
マルターゼ	maltase
マンガン	manganese
無機化合物	inorganic compound
メタクリル酸メチル	methyl methacrylate
メタノール	methanol
メタン	methane
メチオニン	methionine
メチルアルコール	methyl alcohol
メラミン	melamine
メンデレビウム	mendelevium
モリブデン	molybdenum

【や行】

有機化合物	organic compound
ユウロピウム	europium
陽イオン	cation
ヨウ化水素	hydrogen iodide
ヨウ素	iodine

【ら行】

ラクターゼ	lactase
ラザホージウム	rutherfordium
ラジウム	radium
らせん	helix
ラドン	radon
ランタン	lanthanum
リシン	lysine
リチウム	lithium
リパーゼ	lipase
硫化水素	hydrogen sulfide
硫酸	sulfuric acid
硫酸バリウム	barium sulfate
リン	phosphorus
ルテチウム	lutetium
ルテニウム	ruthenium
ルビジウム	rubidium
レニウム	rhenium
ロイシン	leucine
ロジウム	rhodium
ローレンシウム	lawrencium

化学関連

【数字】

1-cyclohex-3-en-1-ylethanone	128
1,2-dichloroethane	43, 122
1,2-ジクロロエタン	122
2-aminoethanol	38
2-Deoxyriboso-5-phosphate	175
2-methylpropane	197
(2R,3S)-2-amino-3-hydroxybutanoic acid	69
(2S,3R)-2-amino-3-hydroxybutanoic acid	69
2-アミノエタノール	38
2,4-dimethyl	32
2,4-dimethylpentane	32
4-ethyl-2-methyl-6-propyldecane	35
4-ethyl-3-methylheptane	34
4-ethyl-5-methylheptane	34
4-ethyl-5-propyloctane	35
4-propyl-5-ethyloctane	35
[5,6]fullerene	192
5員環	85
6員環	85, 128
8員環	50

【A】

acetaldehyde	121, 202
acetaminophen	52
acetic acid	41, 111, 122, 197
acetone	42, 202
acetylene	41
acetyl基	197
activation energy	131, 134
aglycone	186
alanine	20, 61, 163
alcohol	120
aldehyde	202
allopurinol	207
amino acid	20
amino基 (group)	20, 61, 161
ammonia	105, 111
ammonium ion	38
androstane	185, 186
aspirin	53

【B】

benzene	48, 197
benzene環	92
bicyclo[2.1.3]octane	91
bicyclo[2.2.2]octane	89, 96
bicycloheptane	91
bicyclo環	85
Body-centered	153
but-3-en-2-one	128
buta-1,3-diene	127
butane	27, 32, 69, 127, 157
butanoic acid	69
butaone	127

【C】

camphor	85, 86
carbocation	135

carbonyl基	127, 202
carboxylic acid	20, 42
carboxyl基	61, 161, 198
Chair Presentations	179
chloroethane	135
cholesterol	183
cis体	45
conformation	156
covalent bond	17
crown ether	189
cyclobutane	190
cyclohexane	81, 128
cyclohexane環	88
cyclohexanone	202
cyclopentane	189
C末端	170

【D】

D	65
D-alanine	61, 64
deoxyribonucleic acid	174
D-glucose	177
Diels-Alder反応	124
diene	127
digitoxose	186
dimethyl ether	37
disaccharide	181
DNA	174
D-threonine	66, 69
D型	160
D型アミノ酸	61

【E】

(E)	45
(E)-1,2-dichloroethylene	43
enkephalin	170
enol型	202
entgegen	45
ethane	24
ethanol	36, 120
ethanone	128
ether	189
ethyl acetate	42
ethylene	18, 41, 122
ethyl基	34

【F】

Fisher Projections (Fisher投影)	179
fluorine	39
fullerene	192
fumaric acid	45
furanose	181

【G】

geometrical isomer	44
glucose	177
glycine	160, 163, 170

【H】

handedness	63
Haworth Formulae (Haworth図式)	179
heat of reaction	134
hepta	91
heptane	34
hydrogen chloride	135
hydroxy基	36, 42, 202

【I, K】

isobutane	27, 32, 41
isoleucine	163
isomer	27
isopentane	32

IUPAC	31, 65
IUPAC命名法	31, 45
keto型	202
K殻	100

【L】

L	65
L-alanine	61, 64
Lattice	153
L-cysteine	70
leucine	163, 170
Lewis構造	100, 109,
lone electron-pair	106
LSD	54
L-threonine	66, 69
L殻	100
L型	160

【M】

maleic acid	45
methanamine	38
methane	18, 23, 57, 66, 73, 101
methanol	105
methionine	170
methylamine	38
methyl基	32, 36, 61
molecular formula	69
M殻	100

【N】

n-butane	27
neopentane	32, 37
Newman投影	158
n-pentane	24
N末端	170

【O, P】

octane	34, 89
one	127
pentane	32
phenylalanine	163, 170
propane	36
propyl基	35
pyranose	181

【R】

(R)	66
radical	50
reaction coordinate	133
reaction heat	134
reaction intermediate	135
ribonucleic acid	174
RNA	174
(R,R)-tartaric acid	64
(R,R)-酒石酸	64
R/S表示法	66, 69

【S】

(S)	66
serine	65
spiro環	52
Stereo Projections	179
steroid	183, 186
sucrose	181

【T】

tautomerism	202
testosterone	185
thalidomide	62
transition state	135
trans-π-oxocamphor	85
trans体	45

triptycene	87, 96
tryptophan	173
tyrosine	170

【V，Z】

valine	163
(Z)	45
(Z)-1,2-dichloroethylene	43
zusammen	45

【ギリシャ文字】

α-D-glucofuranose	177
α-D-glucopyranose	177
α-D-glucose	181
α-D-グルコピラノース	177
α-D-グルコフラノース	177
α-アミノ酸	160
α炭素原子	161
β-D-fructose	181
β-D-フルクトース	181
β-アミノ酸	162
Δ	124
δ	123
δ−	122
δ+	122
π電子	122

【あ行】

アグリコン	186
アスピリン	53
アセチレン	41
アセトアミノフェン	52
アセトアルデヒド	121, 202
アセトン	42, 202
アミノ基	20, 61
アミノ酸	20, 50, 61, 170
アラニン	20, 61
アルデヒド	202
アロプリノール	207
アンドロスタン	185
アンモニア	105
アンモニウム・イオン	38
椅子型表記	179
異性体	27
イソブタン	27
イソロイシン	163
エタノール	36, 120
エタノン	128
エタン	24
エチル基	34
エチレン	18, 41
エーテル	189
エノール型	202
塩化水素	135
塩化鉄	119
塩化ナトリウム	156
塩化物イオン	109
エンケファリン	170
オキソニウム・イオン	108
オクタン	89

【か行】

化学結合	17
過酸化水素	119
価数	119
活性化エネルギー	131, 134
果糖	181
カルボカチオン	135
カルボキシル基	61
カルボニル結合	42

カルボン酸	20, 42
環状構造	50
官能基	50
幾何異性体	44
鏡像異性体	61, 63
共有結合	17, 101
クエン酸回路	45
楔形	58
クラウン・エーテル	189
グリシン	160, 163, 170
グルコース	177
クロロエタン	135
結合エネルギー	129
結晶格子	156
ケト型	202
原子団	66
光学異性体	63, 64
光学活性分子	61
国際純正応用化学連合	31
互変異性	202
互変異性体	207
孤立電子対	106
コレステロール	183

【さ行】

最外殻電子	101
酢酸	41, 111
酢酸エチル	42
鎖状構造	50
サリドマイド	62
三重結合	19
ジエン	127
ジギトキシン	185
ジギトキソース	186
シクロヘキサノン	202
シクロヘキサン	81
思考実験	148
システイン	70
実線	58
脂肪族化合物	89
シミュレーション	148
ジメチルエーテル	37
ショウノウ	85
触媒	134
ショ糖	181
水酸化鉄	119
スクロース	181
ステロイド	183
スピロ環	52
スレオニン	66
絶対立体配置	64, 69, 70
セリン	65
遷移状態	135
側鎖	162

【た行】

体心立方格子	153
炭化水素	22
単結合	41
炭素陽イオン	135
タンパク質	170
チロシン	170
ディールス・アルダー反応	124
デオキシリボ核酸	175
手系	63
テストステロン	185
電子	17
とうもろこしルール	162

トリプチセン	87
トリプトファン	173
【な行】	
二重結合	18, 42, 48, 122
二糖	181
ノーマルブタン	27
ノーマルペンタン	24
【は行】	
破線	58
バリン	163
反応座標	133
反応中間体	135
反応熱	134
ビシクロ[2.2.2]オクタン	89
ビシクロ環	85
ビシクロヘプタン	91
左手系	63
ヒドロキシ基	36
ピラノース	181
フェニルアラニン	163, 170
不斉炭素原子	66, 162
ブタン	27, 69, 127
ブタン酸	69
沸石	146
フッ素	39
フマル酸	45
フラノース	181
フラーレン	192
プロトン	20
プロピル基	35
分子式	69
平衡状態	202
ヘテロ原子	48
ヘプタ	91
ペプチド	170
ペプチド結合	170
ベンゼン環	48, 92
保護基	50
【ま行】	
マレイン酸	45
右手系	63
水	105, 111
メタノール	105
メタン	18
メタンアミン	38
メチオニン	170
メチルアルコール	105
メチル基	32, 61
【や行、ら行】	
有機電子論	204
ヨウ化水素	129
リゼルグ酸ジエチルアミド	54
立体投影	179
立体配座	156
リービッヒ管	145
リービッヒ・コンデンサー	145
リボ核酸	174
ルイス構造	100
ロイシン	163, 170

ChemSketchほかメニュー・ソフトウェア関連

【メニュー】

[3 D]	72
[3 D Viewer]	72
[ACD/Labs]	72
[All]	103, 121
[Alphabetical Order]	78
[Apply]	103, 107, 121, 123, 185, 210
[Atom]	103, 107, 123, 183, 210
[Atom Symbol Size]	103, 107, 210
[Auto]	103, 107, 210
[Background]	76
[Between]	210
[Bond]	107, 210
[Bond Intersections]	194
[Bond Length]	103, 107, 210
[Check Tautomeric Forms]	205
[ChemSk]	72, 194
[Clean Structure]	46
[Color]	154
[Colors...]	76
[Common]	103, 107, 120, 210
[Copy]	208
[Copy to 3D]	72, 73, 192
[Ctrl]	26, 105
[Ctrl + A]	26
[Ctrl + C]	155, 208
[Ctrl + V]	155, 208
[Ctrl + X]	26
[Cut]	26
[D]	124
[Document]	167
[Edit]	26, 208
[Elements]	78
[Enable]	194
[Export...]	215
[File]	81, 215,
[Fill]	154
[Finish]	219
[Generate Name from Structure]	32, 69
[Generate SMILES Notation]	197
[Generate Structure from SMILES]	198
[Import...]	215
[Measure Distance]	81
[N]	183
[New]	167
[Next]	205, 217
[OK]	78, 195
[Open...]	81
[Options]	76, 131, 133
[Pattern]	154
[Preference...]	194
[q]	103, 123
[Remove Explicit Hydrogens]	86, 190
[Replace]	207
[Restore Default]	211
[Save]	211

[Save User Template...]	166
[Selection]	76, 78
[Set Default]	211
[Shade]	154
[Shift]	124, 154, 155, 175, 176
[Show]	183
[Show Carbons]	103, 121
[Show Grid]	131
[Size Calculation]	103, 107
[Snap on Grid]	133
[Structure]	194
[Structure Properties]	120, 208
[Style]	154
[Swap]	123
[Tab]	53, 104, 176
[Template]	166
[Template Organizer...]	167
[Templates]	137, 140, 166
[Templates Window]	137, 140
[Tools]	32, 46, 69, 81, 86, 120, 190, 197, 198, 205, 208
[Update From]	210
[Value]	123
[White Space]	195
[Y]	103
[Yes]	217
[Zoom]	142
[オブジェクト]	211
[四角]	211
[書式]	211
[スタート]	221
[すべてのプログラム（P）]	221
[貼り付け]	208
[ファイルの種類]	81
[編集]	208
[レイアウト]	211

【ソフトウェア関連】

3D Viewer	72, 76, 81
Arial	162
atoms toolbar	22, 23
ChemDraw	214
color palette	22, 112
drawing toolbar	112
editing toolbar	112
general toolbar	22, 73, 112
ISIS/Draw	214
menu bar	22, 73, 112
Miscellaneous	53
Normal	211
Numbering	183
PowerPoint	124, 211
Properties	102, 107, 120, 123, 183
Radicals	50
reference toolbar	22
SMILES	196, 200
status bar	22, 112
structure toolbar	22, 23
Symbol	162
template	93
Tip of the Day	22
Word	208, 211
workspace	22, 24, 112
一般ツールバー	22, 73, 112
画面切り換えボタン	73
カラー・パレット	22, 112
ギリシャ文字	162

原子ツールバー	22, 23
構造ツールバー	22, 23
作業スペース	22, 24, 112
削除	26
参照ツールバー	22
状態バー	22, 112
テンプレート	93
描画ツールバー	112
平面構造の整形	46
編集	26
編集ツールバー	112
メニュー・バー	22, 73, 112
ラジカル	50

ChemSketchボタンさくいん

【数字】

2原子間の距離を計算	81
2つの結合の角度を計算	83
3D Optimization	75, 78, 86, 89, 92, 96, 190
3D Rotation	86, 89, 92
3次元回転	86, 89
3次元構造最適化	75, 192
90°回転	117, 133

【アルファベット】

Align Bottom	114
Align Top	114
Arc	116
Auto Rotate	74
Ball and Sticks	76
Brig to Front	117
Calculate Angle between 2 Bonds	83
Calculate Distance between 2 Atoms	81
Calculate Torsion Angle	84
callout	115
Center Horizontally	115
Center Vertically	114
Change Position	195
Clean Structure	47, 48, 54, 174, 191
Curve	116
Delete	25
Disk	76
Dots Only	76
Draw Arrow	115
Draw Chains	24, 38, 46, 53, 86, 191, 192
Draw Continuous	46, 174, 192
Draw Normal	24, 28, 37, 41, 42, 47, 86, 181, 191
Edit Nodes	132
Ellipse	116
Flip Left to Right	141, 117
Flip Top to Bottom	54
Flip Top to Bottom	117
Generate Name from Structure	32
Group/Ungroup	117, 149, 151, 153

Increment (+) Charge	42
Instant Template	171
Lasso On/Off	25, 30, 32
lasso selector	25
Line	116
Open Template Window	94, 104, 107
Periodic Table of Elements	39
Polygon	141
Polyline	116, 131, 133
Radical Label	162
Reaction Arrow	121
Reaction Plus	121
Rectangle	116
Redo	26
Rotate 90°	117
Rounded Rectangle	115
Select/Move	29, 54, 92, 174, 181, 192
Select/Move/Resize	114, 141
Select/Move/Rotate	108, 117, 141
Select/Rotate/Resize	54, 86, 89, 92, 176
Send to Back	116
Set Bond Horizontally	28, 56
Set Bond Vertically	28, 54, 56
Spacefill	76
Sticks	76
Subscript	119
Superscript	119
Table of Radicals	50, 86, 88, 92, 96, 166, 171, 191
Text	114, 119, 121, 133
Undo	26, 153
Wireframe	76
with Dots	76

【かな、漢字】

色指定機能	76
上付き（肩付き）文字	119
折れ線	116, 123
描き直し	153
下端を揃える	114
角を丸めた四角	115, 142
曲線	116
曲線の節目の編集	132
グループ化/非グループ化	117, 149
消しゴム	25, 190
結合を垂直にする	28, 54
結合を水平にする	28, 56
元素の周期表	39

弧	116
鎖描画	24
左右反転	117, 141
自転	74
上下回転	54, 183
上下反転	117
上端を揃える	114
線	116
選択	25, 176
選択・移動	29
選択・移動・回転	117
選択・移動・サイズ変更	113, 114, 117
前面に置く	117
添え字	119
楕円	116, 142, 154
中央を垂直に揃える	114
中央を水平に揃える	115
長方形	116
通常描画	24, 26
テキスト入力	114, 123, 162
テンプレート窓のオープン	94
投げ縄選択	26
ねじれ角を計算	84
背面に置く	116
左に揃える	115
描画モード Draw	104, 107
吹き出しを作る	115
分子の選択/回転/サイズ変更	86, 89
右に揃える	115
命名	32, 127
もとに戻す	26
矢印（Drawモードの）	115, 119, 127, 133
矢印（Structureモードの）	121
やり直し	26
連続描画	46

N.D.C.430　238p　18cm

ブルーバックス CD-ROM　BC07

ChemSketchで書く簡単化学レポート
最新化学レポート作成ソフトの使い方入門

2004年11月20日　第1刷発行
2020年 4月10日　第5刷発行

著者	ひらやまのりあき 平山令明	
発行者	渡瀬昌彦	
発行所	株式会社講談社	
	〒112-8001 東京都文京区音羽2-12-21	
電話	出版　03-5395-3524	
	販売　03-5395-4415	
	業務　03-5395-3615	
印刷所	(本文印刷) 凸版印刷 株式会社	
	(カバー表紙印刷) 凸版印刷 株式会社	
本文データ制作	講談社デジタル製作	
製本所	株式会社国宝社	

定価はカバーに表示してあります。
©平山令明　2004, Printed in Japan

落丁本・乱丁本は購入書店名を明記のうえ、小社業務宛にお送りください。送料小社負担にてお取替えします。なお、この本についてのお問い合わせは、ブルーバックス宛にお願いいたします。
本書のコピー、スキャン、デジタル化等の無断複製は著作権法上での例外を除き禁じられています。
本書を代行業者等の第三者に依頼してスキャンやデジタル化することはたとえ個人や家庭内の利用でも著作権法違反です。
R〈日本複製権センター委託出版物〉複写を希望される場合は、日本複製権センター（電話03-6809-1281）にご連絡ください。

ISBN4-06-274407-4

発刊のことば

科学をあなたのポケットに

二十世紀最大の特色は、それが科学時代であるということです。科学は日に日に進歩を続け、止まるところを知りません。ひと昔前の夢物語もどんどん現実化しており、今やわれわれの生活のすべてが、科学によってゆり動かされているといっても過言ではないでしょう。

そのような背景を考えれば、学者や学生はもちろん、産業人も、セールスマンも、ジャーナリストも、家庭の主婦も、みんなが科学を知らなければ、時代の流れに逆らうことになるでしょう。ブルーバックス発刊の意義と必然性はそこにあります。このシリーズは、読む人に科学的に物を考える習慣と、科学的に物を見る目を養っていただくことを最大の目標にしています。そのためには、単に原理や法則の解説に終始するのではなくて、政治や経済など、社会科学や人文科学にも関連させて、広い視野から問題を追究していきます。科学はむずかしいという先入観を改める表現と構成、それも類書にないブルーバックスの特色であると信じます。

一九六三年九月

野間省一